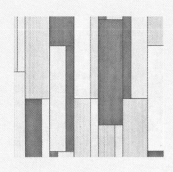

苏宇　主编

景观设计实训

高等院校设计学
应用型精品教材

江苏凤凰美术出版社

图书在版编目（CIP）数据

景观设计实训/苏宇主编 . -- 2 版 . -- 南京：江
苏凤凰美术出版社，2021.8
ISBN 978-7-5580-8879-7

Ⅰ . ①景… Ⅱ . ①苏… Ⅲ . ①景观设计 Ⅳ .
① TU983

中国版本图书馆 CIP 数据核字（2021）第 151375 号

责任编辑　韩　冰
策划编辑　唐　凡
责任校对　许逸灵
装帧设计　焦莽莽
责任监印　于　磊

书　　名　景观设计实训
主　　编　苏　宇
出版发行　江苏凤凰美术出版社（南京市湖南路1号　邮编：210009）
出版社网址　http：//www.jsmscbs.com.cn
制　　版　南京新华丰制版有限公司
印　　刷　南京迅驰彩色印刷有限公司
开　　本　889mm×1194mm　1/16
印　　张　9.5
版　　次　2021年8月第2版　2021年8月第1次印刷
标准书号　ISBN 978-7-5580-8879-7
定　　价　58.00元

营销部电话　025-68155661　营销部地址　南京市湖南路1号
江苏凤凰美术出版社图书凡印装错误可向承印厂调换

内容简介

　　景观，是进行土地合理运用的综合性设计学科。在国内，这个行业从无到有短短十年有余。就在这短暂的十几年中，景观行业迅速地崛起，成为城市建设中不可或缺的一部分，不仅美化了周围的环境，也极为恰当、聪慧地汲取、继承着中外的文化。在深层次的挖掘中赋予了城市新的生活秩序，加深了人们对于环境的理解。

　　对于本专业的学习人员、就业人员而言，则需要通过技术的手段实现客观的美景。

　　本书中的教学案例及研究，大部分来自我在无锡市政设计院、上海甘草景观规划设计事务所的景观设计实践工作，并加入多年教学中的讲义试题。希冀本书能够成为高校和企业交流的平台与桥梁。同时，也感谢各大设计院对于本书工作的尊重与支持。

前言

　　景观规划与设计是一门与土地密切相关的专业。一切的空间塑造都是从无到有的过程。一个工程从方案、扩初、施工图的绘制，直到工程的完工；二维图纸最终成为客观的三维实物，可触碰、可停驻、可欣赏，与建筑并驾齐驱。这是凝固时间与记忆的美妙艺术与娴熟技术的综合体。对本专业的学习者与从业人员来说，景观规划与设计是令人激动且具有挑战性的工作。

　　一份合理的项目方案，导向的是更为舒适理想的空间。一套精准的施工图册则可以将设计者的思维通过图纸客观地表达出来，并平衡、融合艺术与技术，最终能够高效地与施工单位对接，将美好的环境完美地呈现。

　　本书的内容主要是针对艺术设计专业中环境艺术设计专业景观方向高年级学生的实习、实训指导。带领学生深入景观设计的实际流程，熟悉并逐渐领会。笔者在有限的经验下不求优秀，但求同学们会熟练操作。如熟悉国家规范的学习与习题，制图规范的学习与习题，景观前修基础的回顾，虚拟小空间的营造、实际项目的跟进等。通过大量的图纸内容与细致的语言辅助，希冀同学们看完本书能获得实际的帮助。

　　本书的编写思路与大致内容。第一章，景观实习、实训课程的概述，大致内容为：1. 实训现状与内容；2. 提供在校实训的流程计划、课程安排计划以供教师、学生参考使用。第二章，景观实训理论知识回顾，大致内容为：1. 景观设计中美学基础知识的回顾；2. 景观设计中设计流程的回顾。第三章，景观实训应用知识回顾，大致内容为：1. 景观设计基本应用能力回顾；2. 景观设计中国家规范知识；3. 景观设计中制图规范知识等内容，同时每一小节的学习，都配以试题辅助教师的教学与学生的理解掌握。第四章，景观实训方案案例详解——对学生实际项目操作流程提出逻辑思考办法，并在制作手段等方面做出指导，大致内容为：1. 庭院空间景观实训详解；2. 山体公园景观实训详解；3. 居住区景观实训详解；4. 城市湿地公园景观规划实训详解；5. 公共空间景观设计实训案例。第五章，景观实训各阶段模板参考，大致内容为：1. 项目建议书的制定；2. 项目进程计划表的制定；3. 方案及施工图册的制定等。

　　本书各章节的建议学时考虑：目前在高校内（除农、林院校外）开设的景观课程大都放在环境艺术设计下。专业概念界定、专业方向较为模糊，造成了景观课程学时分配的不充分。学生层次参差不齐。因此，本书各章节的学时分配为建议学时。如：第一章为总括，说明了实训的现状与改进的建议，应占总学时不大于5%。第二、三章为重要的学科基础部分，不论是回顾还是重新学习，都很重要，学时分配应占总学时不少于60%。第四、五章是第二、三章的延续、深入与规范，课程主导是实训的指导工作，教师要确实地引导与完善学生的实训练习，应占总学时不少于35%。

目录

第四章　景观专业实习、实训规范知识与习题

第五章　景观专业实习、实训应用知识与习题

第一章
景观设计专业实习、实训概述

1.1 景观设计实习、实训的缘由、目的

缘由、目的——随着新一轮改革开放的进程，我国进入了历史的新纪元。城市化进程速度不断加快，网络、数据迅猛发展，自然催生出普通大众对于生活环境艺术化递增的需求，并将关注点从室内转换至室外。纵观产业疯狂发展的这十年，国土开发的面积、范围、类型都在不断地扩展、细分与升级。经过短暂产业、思想上的变迁，在逐渐满足了功能性建设的基础上，景观设计这个行业开始出现，并以爆炸性的速度在茁壮成长。作为建筑的外延产品，逐渐契合、满足了人们对美好环境的愿望，普遍被人们所接受。现今土地的应用，大到新城区的规划，小到别墅庭院的设计都与景观设计息息相关，所需要的设计人才每年也都在增加。为适应市场需求，作为输出人才的综合高校（除建筑学、农林等专业院校）大都在环境艺术专业下开设了景观课程，用于拓展学生的就业面。然而，除却令人流连忘返的古典园林，景观在中国作为行业产生，仅仅十几载。尚有很多的设计、建设经验还需在实践中去适应、调整与总结。高校专业方向的不明朗与结构深度的脱节，使得学生对于专业一知半解。因此，反而造成学生的模糊就业。学生与专业景观公司的双向选择上存在沟通平台的问题。为了建立合理的平台，公司、校外培训机构就必须扛起二次教育的担子，这就是所谓的顶岗实习与顶岗实训。其目的是在短时间的实训过程中帮助学生进入真实的工作环境中，体验真实的工作压力，完成真实的团队合作，完成实际的项目，更快完善学生的知识结构，更好地与实际社会对接。目前来说，这已成为大多设计公司的共识。

但是，无论是公司、培训机构都并非一个完整的教育体制，必然会在实训中出现诸多问题。近期国家对于教育的决策中已将实用型作为大部分高校的培养目标。校内的

实习、实训顺应时事，势在必行。

1.2 实习、实训的现状

实习、实训，是两个不同层面的客观事实。前一阶段是检验并完善掌握的知识，后一阶段是实践掌握的知识。知识从实践中来，也必将回归至实践。但是，前提必然是在专业知识的掌握、理解上。从目前调研观察，实习、实训的现状分为学生与公司、社会培训两个层面。进行对比分析，从中可以得出经验。

1.2.1 大多数学生眼中的实习、实训

（1）概念的混淆：实习、实训在学生头脑中是模糊的，常常被混淆成一个概念，即"我"是把自己清零，重新去学习知识，疏于对自身已学知识结构的梳理。

（2）认知的错位：过分强调实习、实训的重要性，疏于对自身专业基础知识的阶段性总结与某一专业技能的深化。

（3）实际工作的错位：大多以自身为中心，过度理想化。很少从宏观的角度对待实习、实训设计任务。总是从自身出发，协调能力低下。没有清晰的逻辑思路和职业规划。

以上这几点，是学生们在实习、实训中所遇见切实问题的原因。如下为近年来所搜集的同学们实习、实训中的切实问题。

问题1）无所事事：常常表现为不知所措地面对公司同事忙碌的一天，没有自信去沟通、接受任务。——"疏于对自身已学知识结构的梳理。"没有某一技能强项，很难在实习、实训中接到任务。

问题2）工作效率低下：对于分配到的任务，没有很好的理解与沟通，从而造成一个简单的任务非得加班加点

才能完成。——"疏于对自身专业基础知识的深刻理解与掌握。"所谓的深刻理解，是同学们在接受任务的同时就要知道这个任务该如何完成，并需要了解本任务在整个项目中的位置与比重。

问题3）无法完成预期：预期值与可完成值相差甚远。"为什么没有人手把手教我？"白来了。——"对实习、实训缺少清晰的逻辑思路和职业规划，专业基础差。"不是没有人愿意手把手教你，而是设计师常常自顾不暇。

1.2.2 公司眼中学生们的实习、实训

（1）目的性模糊：对于考虑录用学生的实习、实训没有针对性的思考。

（2）程序化模糊：对于新进员工的实习、实训没有程序化规定。

（3）思考角度单一化：对于实习、实训学生不够重视，造成诉求感、忠诚度的降低。

1.2.3 专业培训企业眼中的实习、实训

实训周期短、知识结构局限，课程延续性缺失。作为以营利为主的大部分培训机构，一个周期短、见效快的产品是最好的广告。因此，实训的主体是辅助设计软件的培训，周期短、见效快。当然，在林林总总、通过网络或实地进行培训的企业中，不乏更全面、更长期的实训计划，如景观方案实战实训、景观施工图实战实训等。但大都也只是课程，没有环境。综上所述，这些企业都不具备实训的条件。

结论：

以上的三个方面是目前实习、实训的现状。总体看来，一方面是大部分学生对于实习、实训目的的盲目；一方面作为公司，很难抽出资源去培养或针对公司的运营长线建立一套方案以迎合实习生；最后培训企业这方面也仅仅提供了查漏补缺的通道。因此，真正的景观设计实训其实无论在公司还是社会培训都存在着局限性。那么，面对当前的形势，同学们如何去甄别、去选择、去完成实习、实训呢？什么是正确的实习与实训观念呢？同学们在实习、实训过程中会有什么样的疑问呢？

1.3　实习、实训应注意的要点

1.3.1 实习、实训的本质

在市场中验证同学们本科四年的专业基础、单项研究成果。专业基础是接受实践必备的装备或框架，单项研究则是已经具备的、超出常人的专业特长。

1.3.2 实习、实训的衍生

对于环境艺术设计内的景观专业，学生们应在学校纷杂的设计课程中，顺应自身的特质，选择专业的某一个点去深入地研究。"知识不在于广，而在于专。""专"是需要花气力的。同学们应清楚明白，实习、实训汲取的不再是单纯的知识，而是检验同学们在高校这几年学习、研究的专项成果，如同学们的景观手绘表达、草图表达。这有利于培养学生运用所学理论在脑中创建三维画面，以及形体推演的能力，是项目流程中不可缺少的一部分，同样是专业景观公司招收新员工的条件之一。（图1.3-1）又如建模软件、辅助设计软件的深入学习与掌握，在实际工作中同样会产生巨大的作用，帮助设计师准确地对待景观场地，不仅能够建立起与甲方良好的对话平台，也能够通过图纸的清晰表达，准确地指导施工人员施工，是项目设计中重要的技术部分。这同样也是专业景观公司招收新员工的条件。（应该在专业学习中熟悉掌握的辅助设计软件如图1.3-2）

综上所述，同学们在实习、实训之前，应做好相应的准备。1.专业基础能力：逐渐培养独立选择专业知识并整理、归纳、汲取、运用知识的能力。这种能力的养成基础是学生们必须宏观理解自身专业知识框架（表1.3-1）。2.单项研究成果：本科四年的时间是限定的，要从知识框架中选择一个可独立操作的部分进行微观研究，加深理解，为进入社会这个大课堂继续研究做准备。

1.3.3 景观专业同学实习、实训前应具备的专业基础能力

景观专业所要掌握的知识结构路径：

意象手绘效果图

图1.3-1

图像处理辅助设计软件

SketchUp 2014
建模与渲染

acad.exe

静桢与动画即时渲染

建筑信息化模型

计算机辅助设计

图 1.3-2

表 1.3-1 中所列出的前修知识结构，是同学们用来对照、学习知识的基本框架。由于本科培养的时间有限，同学们不可能在结构中将知识全部填满，倒是应该在表中选取几点作为研究的方向，以此作为进入行业的敲门砖，在未来的学习过程当中不断地将知识填补进框架中。

1.3.4 实习、实训的疑问与解答

在教学中，常常有高年级的同学问及实习、实训的事宜，下面选择具有代表性的问题，做出解答。

（1）如何进入景观单位进行实习、实训，如何开头

表 1.3-1

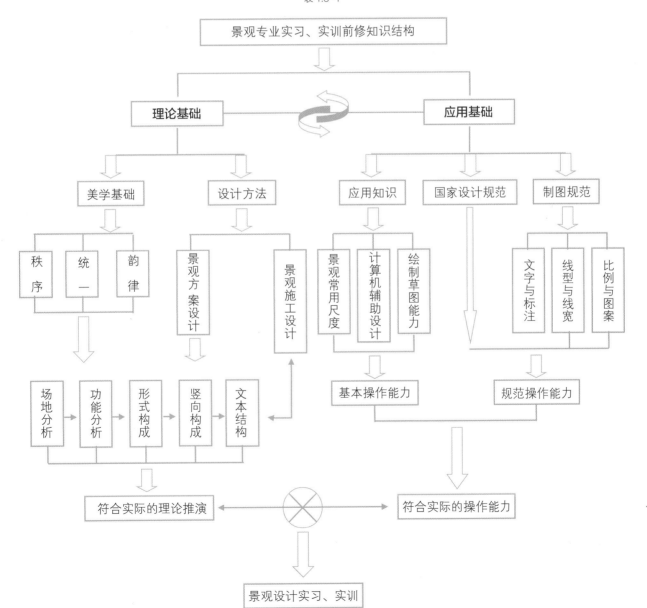

答：在预备进入景观单位实习、实训之前，① 应对自身现有的专业水平、成果有个清晰地认知与总结，有利于在新环境中找寻进步方向。目的性、自我选择性强。② 作为用人单位，对你只有一个片面的认知，因此，同学们应准备一份有说服力的作品集。一本较为全面、制作精良的作品集，可以有效将你本科四年的经历展开，会给阅人无数的用人单位（HR）带来好印象。同学们不仅在面试时可以看图说话，有据可依，同样也可以让用人单位发现你的长处，发扬你的长处。用人单位欢迎有作品集的同学。

（2）作品集如何制作

答：一本制作精良的作品集是对同学们四年来专业学习的客观总结，与同学们平时做的景观设计文本一样，应该有层次、有逻辑地对待。（互联网上的版本基本不可用，没有可借鉴性）制作框架可参照图 1.3–3 至图 1.3–5，制作自己的作品集。

（3）实习、实训中的报酬

答：可以和用人单位谈及，但是不可坚持。设计单位的酬劳都是由设计费的结算得来，而酬劳的多寡层次是由设计人员所处的位置、作用所决定的。当用人单位在没有明确你将胜任的位置之前，很难给你定义价值。将心比心，同学们在选择一款智能手机之前也要进行评测，无论是外观还是性能。如何让用人单位有效地对你评测，给出一个价格，这就需要一个初步沟通的平台。

本章作业

题目：制作个人作品集

要求：参照图 1.3–3 至图 1.3–5 的框架，将个人作品加入，精心制作；排版形式简约、大方，能够突出内容主题；作品集逻辑结构合理。建议不少于 30 页。（参见微信号本书资料第一章，应用型作品集模板）

前两个小节中，说明了实习、实训的本质与社会现状，也对同学们提出了要求，同时，解决了一些具有代表性的疑问。同学们除了可以在社会上寻求实习、实训的机会，当然有条件的也可以通过高校本身达到实习、实训的目标。近几年来，艺术类高校在学生们与社会如何无缝接轨上展

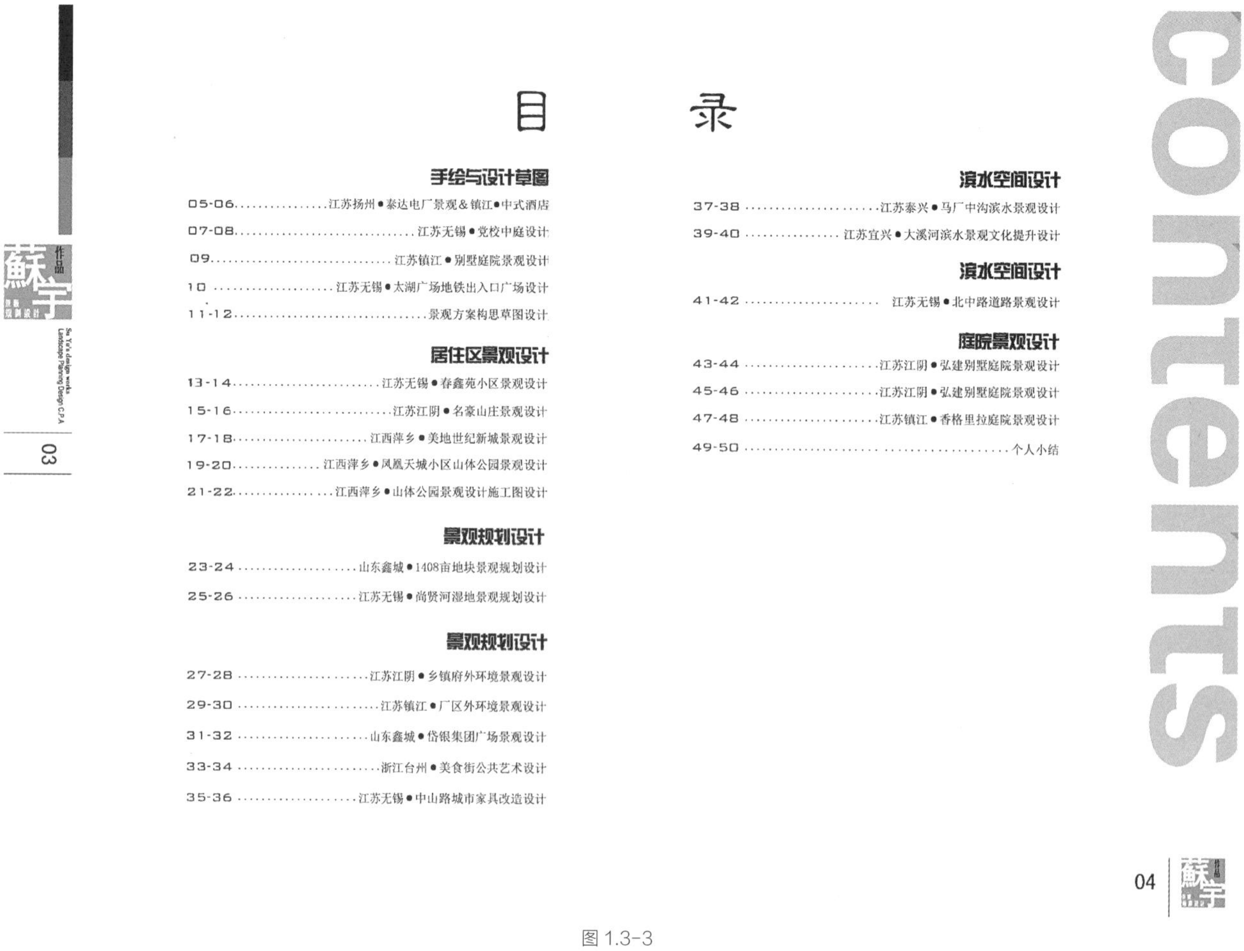
目 录

contents

手绘与设计草图

05-06……江苏扬州●泰达电厂景观&镇江●中式酒店
07-08……江苏无锡●党校中庭设计
09……江苏镇江●别墅庭院景观设计
10……江苏无锡●太湖广场地铁出入口广场设计
11-12……景观方案构思草图设计

居住区景观设计

13-14……江苏无锡●春鑫苑小区景观设计
15-16……江苏江阴●名豪山庄景观设计
17-18……江西萍乡●美地世纪新城景观设计
19-20……江西萍乡●凤凰天城小区山体公园景观设计
21-22……江西萍乡●山体公园景观设计施工图设计

景观规划设计

23-24……山东鑫城●1408亩地块景观规划设计
25-26……江苏无锡●尚贤河湿地景观规划设计

景观规划设计

27-28……江苏江阴●乡镇府外环境景观设计
29-30……江苏镇江●厂区外环境景观设计
31-32……山东鑫城●岱银集团广场景观设计
33-34……浙江台州●美食街公共艺术设计
35-36……江苏无锡●中山路城市家具改造设计

滨水空间设计

37-38……江苏泰兴●马厂中沟滨水景观设计
39-40……江苏宜兴●大溪河滨水景观文化提升设计

滨水空间设计

41-42……江苏无锡●北中路道路景观设计

庭院景观设计

43-44……江苏江阴●弘建别墅庭院景观设计
45-46……江苏江阴●弘建别墅庭院景观设计
47-48……江苏镇江●香格里拉庭院景观设计
49-50……个人小结

蘇宇 作品 景观 规划设计
Su Yu's design works
Landscape Planning Design C.P.A
03
04

图 1.3–3

景
观
方
案
手
绘

苏字

Su Yu's design works
Landscape Painting Design C.P.A.

11

DANG XIAO TING YUAN
景观构思草图

工程档案

委托方：若干
设计内容：景观构思
规划面积：若干
项目地址：江苏等
建设进度：

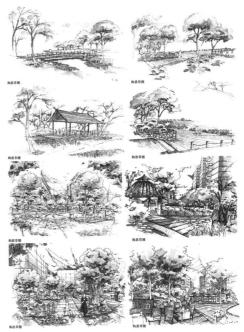

构思草图

12

图 1.3-4

城
市
公
共
空
间

苏字

Su Yu's design works
Landscape Painting Design C.P.A.

27

XIANG ZHEN FU WAI HUAN JING
江苏江阴 · 乡镇府外环境景观设计

工程档案

委托方：江阴乡镇府
设计内容：景观设计
规划面积：4300平方米
项目地址：江苏江阴
建设进度：已完工

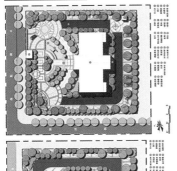

平面图

效果图

28

图 1.3-5

开了思索与实践。下一节补充介绍校内开展实习、实训的计划。学生与老师可以参考，开展校内实习、实训。

1.4　校内景观专业实习、实训计划

校内景观专业实习、实训环境重建——"五大真实"体验。

（1）真实的工作环境：实习、实训教学并非平时的课堂体验。营造一个真实的工作环境，作为与现实工作的接轨是必要的。如建立校内景观工作室、事务所；整合现有的教学设施，重新分配，成为办公室。用真实的办公环境引导同学尽快地熟悉将要跨入的工作环境。

（2）真实的项目组与项目负责人：设计项目注重团队的协调，以项目负责人为中心，设置项目组成员，并分配设计任务。同时，在多个实训练习中应做到互换同学们的设计位置，以此使其能够熟悉整个设计流程。其中，项目负责人最重要的职能是辅助和推进项目及进度，制作进度表，监督设计进程时间节点上的完成状况，最后，做好审图、校图与评审工作。（以下"项目负责人"可为校内有双师经验的教师或校外设计师）

（3）真实性景观设计项目：项目负责人有责任将真实的设计项目、项目基础资料带入实习、实训中。项目基础资料包括：① 设计项目任务书；② 设计项目基地平面图；③ 设计项目中建筑底平面图（如有地下建筑的也需提供）；④ 设计项目指标等。在设计完结后，项目负责人上传学生设计文本到实际项目派发的用人单位，也可请用人单位派设计师听取同学汇报及评审同学设计作品。

（4）真实的压力：同学们在实习、实训中完成的均为实际景观设计项目，而每一个设计项目都是有其周期的。根据设计周期时间节点的设置，在相应的时间点上应提交对应阶段的设计成果。改善平时懒散的状态，熟悉紧凑的设计工作，有利于与现实社会工作状态的接轨。

（5）真实的企业平台：与景观用人单位的合作所建立的真实企业平台，一方面可以定期接受新的项目，一方面帮助用人单位贮备、孵化人才。学生未投简历，就已被用人单位所知。

实习、实训"五大真实"体验，第一，能够帮助同学们在校内更好、更快地提高，缩短了同学们适应行业所需的时间，做到与就业的无缝对接。第二，对用人单位的发展来说，这些与用人单位共同培养的学生，拥有更强的适应能力和更为宽广的想象空间，学生与用人单位的配合更加默契。

本章小结

本章从实际应用出发，主要阐述了景观专业实习、实训的概念、本质，及其运行方案的试行。需要再一次强调的是，实习、实训并非重新学习，学生在实习、实训前就应掌握一定量的专业技能与理论基础，只有这样，实习、实训才更加有实际意义，才更有效。在列出的实习、实训前期训练表格中，学生应认真梳理自身的知识结构，在未来的学习阶段中将知识填补进去。专业基础差的学生不建议进入实训培养。

在接下来的章节中，将从实际出发以表1.3-1为基础，第一阶段将整理理论知识和应用知识，有计划地介绍设计方法，整理实用规范，整理实用数据等；第二阶段以实际项目带入，逐步、递进式帮助同学们熟悉掌握设计流程，树立专业的自信，提高自身的就业宽度、深度。

温馨小贴士：无论是景观专业还是任何一门技术行业，最初，都会有所谓的专业壁垒。目前，全球大数据时代的来临，知识的大爆炸，所谓的技术壁垒也不如想象中坚固。例如，许久之前外国的优秀设计由于网络的不完善，是不能和世界共享的，也只有走过一遭的内行才有近距离接触的机会，这就是专业壁垒。可如今的大众却能在小小的手机上环游整个世界，一个行业所能获取到资源界限就不再泾渭分明。除了书本与校内学习，可以运用互联网增加自己的见识，增加掌握这一门技术的信心与兴趣。

第二章
景观设计实训基础理论知识

本章知识要点提要：

1. 图面的秩序：轴对称、非轴对称。

2. 图面的统一：主体、成组配置、加强联系。

3. 图面的韵律：重复、倒置、交替、渐变。

本章学生必读书目：

1.《独立式住宅环境景观设计》；【美】诺曼·K·布思 詹姆斯·E·希斯；【M】（全书）

2.《景观设计学》；【美】约翰·O·西蒙兹；【M】（全书）

3.《风景园林设计要素》；【美】诺曼·K·布思；【M】（全书）

4.《现代景观规划设计》；刘滨谊；【M】（第一部分第二节：景观中的人类行为）

5.《空间的语言》；【英】布莱恩·劳森；【M】（第五章：空间与距离）

6.《中国古典园林分析》；彭一刚；【M】

7.《园林景观设计——从概念到形式》；【美】格兰特·W·里德；【M】

8.《风水形势说和古代中国建筑外部空间设计探析》；王其亨；【J】

注：以上书目的部分电子档内容已在微信号本书资料中收录。

本章应该完成的阶段任务：

1. 景观设计理论知识中美学知识的掌握，能够运用美学规律分析设计的优劣；

2. 能够运用美学知识，检查自身以往的设计，修改并完善；

3. 运用美学知识完成实习、实训课后练习。

目的与意义

在上一章中简要描述了实习、实训的目的及现实意义。其中，对学生自身基础知识的掌握，提出了较高的要求。对于本专业的学生而言，理论最终都将实践在图纸之上。因此，同学们首先需要运用已经掌握的理论去看图，且要能"看出门道"，举一反三。这在实训中是重要的环节。本章中将理论限定在设计美学规律上，结合实际案例对图纸进行剖析。同学们可以参照阶段性任务进行学习，并对以往的设计作业进行图纸的自审。

图纸的审美规律

设计除了是一门技术，更在不断追寻着艺术。古往今来，优秀的设计师、艺术家都在不断地验证这个事实。在我国早期的造园实践中，拙政园的建设便参考了吴门画派，画派的代表人物文徵明同时参与了拙政园的设计；又如，建筑师孟莎所参与设计的园林巨作凡尔赛宫花园（图 2.1–1）被后世尊为人类艺术宝库中的一颗明珠。当我们徜徉其中，流连忘返，感受的是美学的光芒。这些实践活动，无论什么流派，不分什么地域，抛开历史的华裳，将其还原成一张张图纸审视，从本质上都遵循可探知的规律。

运用这一系列的规律并熟悉其形成过程，不仅能够统领设计全局，也能深入到图纸的各个细部直到客观呈现。本章主要通过设计美学中的三大规律秩序、统一、韵律的描述对图纸美学展开有效思索。运用规律，能够分辨图纸优劣→自查并罗列图纸问题→修改问题，做好实习、实训的第一步。

2.1 秩序
2.1.1 宏观可辨——微观成组

秩序，是客观事物呈现的内在关系，是设计的整体框架，对于景观专业而言，秩序是所设计的客观场所前期宏观的视觉设想，是指其中暗含的视觉结构。这是在飞机里从高空鸟瞰整个基地时常常会出现的视知觉，如图 2.1–2 a、b、c 所示：一开始，我们只能分辨整个场所整体的道路骨架，而附着在其上的功能区块很难辨识，随着降落，城市的细节便出现在观者的视野中，形成更为复杂的三维图像，（图 2.1–2 b）这些根植于骨架上的功能区如植物分支自然成组分布，拥有其独立的秩序，就这样不断分形下去。（图 2.1–2 c）在具体图纸的审美中，要遵循逐层递进的分析方法。（《分形、机遇和维数》——曼德布劳特）

图 2.1–1　凡尔赛宫

图 2.1–2 a

图 2.1–2 b

图 2.1–2 c

图 2.1–3 a

图 2.1–3 b

图 2.1–4 a

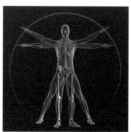

图 2.1–4 b

2.1.2 自然生长的借鉴

图 2.1–3 a 展现的是一棵寻常落叶树冬季的状态，图 2.1–3 b 是这棵树夏季的状态。不论是广卵形或者扇形的外在形式，均是由对称生长的枝干决定的。夏季附着其上的叶片也只不过加强了这样的结构。人类与动物之间也同样遵循这样的隐秘法则。（图 2.1–4 a、b）既然自然界的生物大都具有其生长的通用秩序，而对于观者而言这些秩序又是多么鬼斧神工、耐人寻味。那么，让自己的设计图纸从宏观（平面图）至微观（细部设计图纸），"看起来是清晰可辨的事物"，是契合大众审美的基础标准之一。暗含的秩序便是检验图纸审美的有效方法之一。在众多优秀的景观平面图纸中，可以发现这样的规律。如观察中国北京奥林匹克公园平面图，从宏观上将图面稍作抽象，便可形成可辨识的同构图像。又如，迪拜棕榈岛工程，从总体鸟瞰实景可以清晰判定其图像内容，并具有一定的抽象含义。在具体的景观图纸审美中，应建立对于场地宏观秩序的思考，形成审美的依据。（图 2.1–5 a、b）

2.1.3 形成秩序的方法与图纸的自查

观察总平面布置图，可以总结出以下形成秩序的方法：（1）图纸设计内容的分级与层次；（2）轴对称；（3）景观元素的成组配置。

（1）图纸设计内容的分级与层次

清晰的结构层次，能够提高图纸宏观的可辨识度，将所要表达的设计内容逐层递进，形成秩序。案例：1）易于辨识的城市道路结构；2）微观场地的景观规划。（二者依然为递进关系）

1）易于辨识的城市道路结构：城市道路结构是最朴素、最原始的秩序，也可称其为骨骼（如果从生物的角度看，应该是骨骼与血脉的综合体更加确切。因为它不仅起着关联的作用，也具备传输功能）。通过不同等级的道路，清晰串联起城市中的各个功能区位，各区位的功能级别也随之清晰标识。城市道路的分级有着重要的意义。在此结构中，分成了多个层次以满足各方面的需求，包括城市外环快速路、城市内环快速路、城市主干道、城市次干道、城市支路等等，这些清晰的结构层次所附着的功能也随之分级，将城市不同诉求的人员分批、分层次流动，形成良好的等级秩序。城市结构清晰，功能明确。城市路网的结构一般为：① 棋盘式路网；② 放射状路网；③ 自由式路网；④ 混合式路网。（图 2.1–6 a、b、c、d）

2）微观场地的景观规划：所要设计的微观场地常附着在宏观结构内，分析居住区俨然也是自给自足的秩序系统。如图 2.1–7 所示山东鑫城居住区景观规划（提供单位：上海甘草景观规划设计事务所），道路网以城市道路类型为依据，为放射性路网秩序。居住区规划中第一级外环路划分并连接场地内不同诉求的功能，分别为：① 养老中心；② 高层住宅区；③ 多层住宅区；④ 别墅区；第二级环路

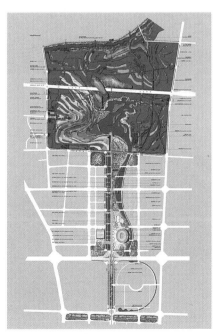

图 2.1-5 a

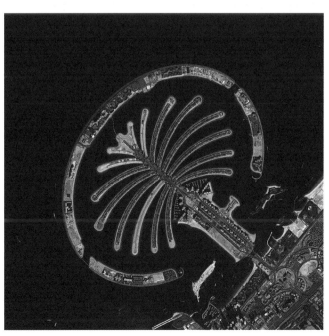

图 2.1-5 b

图 2.1-6 a

图 2.1-6 b

图 2.1-6 c

图 2.1-6 d

图 2.1-7

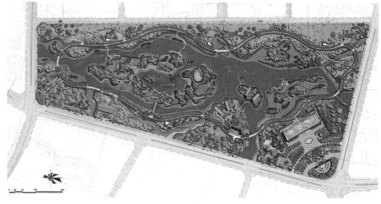

图 2.1-8

沟通分区内在结构；第三级道路为宅间的通道，更加细致地将分区内的细部功能进行连接。自上而下的结构形成了场地内在的秩序，也构建出场地内合理的生活节奏。再如：湿地公园（梁塘河湿地公园景观规划；提供单位：无锡太湖学院；设计人：徐徐；指导教师：苏宇）（图2.1-8）基本为放射性路网秩序。第一级道路沟通整个场地的功能区间；第二级道路沟通功能分区内在结构；第三级道路满足更为细致的游览需求。

图纸自查的几点注意：

通过以上的案例，能够看出，无论是宏观的道路网，还是附着其上的城市功能区间，都遵循一定的规律——秩序。面对自身图纸进行审查，应该关注的具体分级与层次内容：1）道路结构的尺度区分，随着道路层次的递进，由宽到窄进行区分。2）道路具体的功能与形式、肌理，第一级道路，应规整、流畅，能够便于抵达各个功能区间；第二级道路外接第一级道路，内接第三级道路，可以在完成内部功能快速通达后，美化流线的形式，可以作为景观考虑；第三级道路作为深入景观内部各景点的连接，必须做景观性的处理，如"曲径通幽"。3）道路等级的转换循序渐进。

在没有遵循秩序依据的时候就会造成审美的混乱。如图2.1-9 a所示，图中的一级道路能够做到快速通行，遵循了原则。二级道路设计中部分道路断裂，并与三级道路混淆在一起，道路等级不清晰，造成应该使用三级道路的空间被二级道路所占据，景观用地被割裂。图2.1-9 b中道路安排没有清晰的等级，最终呈现的设计等次感较弱。

想要达到完整美观的图面效果，就必须掌握秩序中有关分级与层次的相关内容。像公式一样，将其代入到设计中考虑，基本的秩序框架就可以形成。

（2）轴对称

轴对称，是景观设计中常见的方法之一。依据设计要求、定位，可以作为景观节点纳入到大系统之中，也可以独立成为一种特定的秩序。在审图中最先应考虑的是轴对称的设计是否符合场地的需要。如为了表达崇敬，中国南京中山陵的设计。起点、终点形成强烈的轴线关系，画面呈现出秩序感。（图2.1-10）如法国巴黎凡尔赛宫后花园的设计，震撼的对称。（图2.1-1）从上面两个例子可以看出，典型的对称设计是所配置的设计元素围绕一个或多个对称轴均衡配置得到的。同时，具有耐人寻味的终点。轴对称常常被放置在特定的环境、语境当中，不应违反这一秩序。如图2.1-11 a、b中图a的月洞门没有做到对称处理，采用新古典的设计风格，跳出了中国古典园林的语境，远不如图b古典月洞门的对称做法优秀。

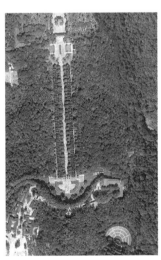

图2.1-11 a

图2.1-10　　　　　　　图2.1-11 b

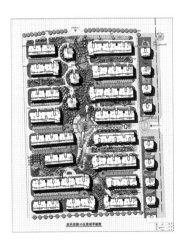

图2.1-9 a　　　　　　图2.1-9 b

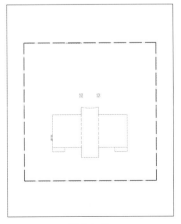

图2.1-12

如果在设计过程中无法入手，可以先尝试运用对称的法则构建起景观场地初始的秩序。但是需要注意的是，实际的景观设计项目中用地现状性质复杂，并不是每一个场所都能照搬对称法则建立秩序。对于明显的对称关系与不明显的对称关系，同学们要灵活选择、精心运用。

案例一（明确的对称轴线关系创建的场所秩序）：

某镇政府景观设计（设计人：苏宁），基地原始平面图。如图 2.1-12 所示，建筑居于场地中央，坐北朝南，为公共服务性建筑。1）应方便人们的出入，轴线具有引导人进入的作用；2）应体现其建筑的气势，轴线的终点即公用建筑的入口。在设计时，需要考虑隐含的轴线关系，

可以选择轴对称的方法进行设计。如图 2.1-13 a、b 这两个方案中，方案二更符合对称法则，体现这一关系。效果图为图 2.1-14 a、b。

案例二（不明确的对称轴线关系创造的场所秩序）：无锡格致中学景观设计（图 2.1-15 为鸟瞰图。提供单位：上海甘草景观规划设计事务所）。此案例中建筑的体量、位置暗示了对称轴线（轴对称仅是考虑场地的解决方案之一），本案例中选择建立复合型对称轴。从总平面上观察，南部入口空间由于两侧建筑的定位，根据建筑的坐向安排轴线是可行的做法。如平面图所示。（图 2.1-16）总平面的中部拟建的构筑物部分也同样有对称的做法，且有尽端

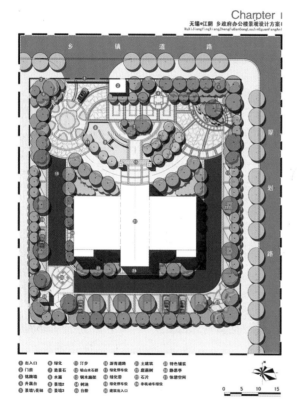

图 2.1-13 a

图 2.1-13 b

图 2.1-14 a

图 2.1-14 b

图 2.1-15

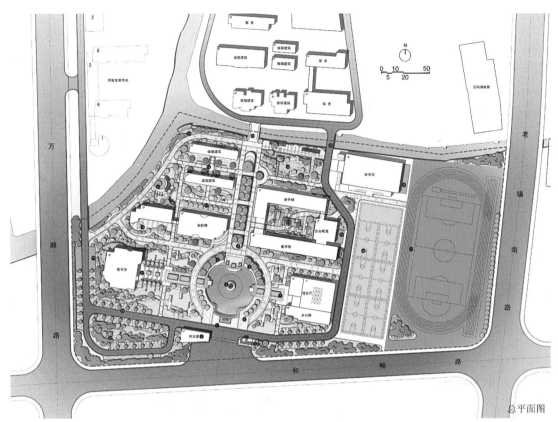

图 2.1-16

图 2.1-17 a

图 2.1-17 b

图 2.1-19 b

的设计。实景如图所示。（图 2.1–17 a、b）

不论是案例一或案例二，关于对称轴的选择必须结合场地内的建筑仔细分析，并不是每一块场地都适合轴对称。

本章作业

对称设计练习：宅间景观设计，CAD 图纸在微信号本书资料（1.2.1 练习文件），参考图片（见图 2.1–16 平面图）。

设计任务书：1）运用均衡对称的设计方法设计；2）保证住户出入方便；3）宅间绿地入口应考虑到各栋使用的方便；4）设计元素包括植物、草坪、花坛、水池、亭或廊架等，且尺度正确；5）设计应有一定的设计依据作为基础，满足国家建设规范内容。

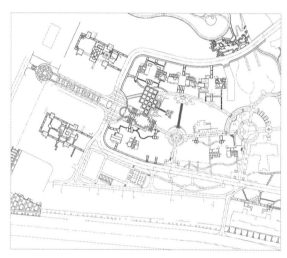

图 2.1–18 a

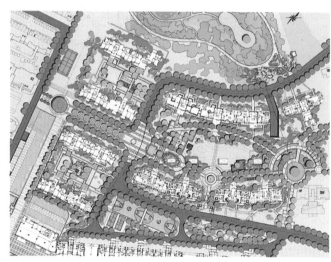

图 2.1–18 b

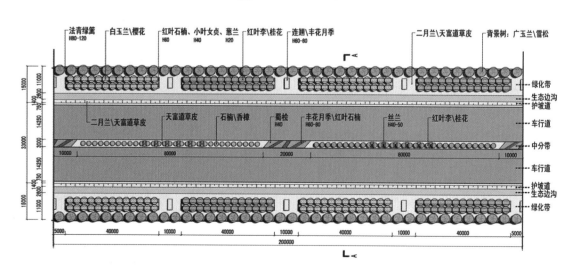

休闲文化区标准段一种植设计图　1:600

图 2.1–19 a

（3）景观元素的成组配置

成组配置的内容可以是相似的功能区域，也可以是相同元素的不断复制。在审图中，当一种秩序在场地中成立，成组配置是将其进行强调的方法。如图所示（图2.1-18 a）居住区景观中，对称轴贯穿东西，构建出场地的秩序。为了强调建立的秩序，成组配置了乔木。（图2.1-18 b）又如在城市道路景观设计中，使得成组配置的做法更加明显。如图2.1-19 a所示，城市干道标准段中，中分带、侧分带的植物成组配置，达到了良好的视觉效果。美化了城市，同时强调出道路的秩序感与周边的业态关系等。（图2.1-19 b；图纸提供单位：无锡市政设计院）

成组配置这一点，在审查同学们的图纸中，通常会出现的细节问题有：

图2.1-20

1）填充元素——植物不能成组配置，导致画面秩序结构不清，丧失秩序感。在场地秩序搭建完成后，行道树就应成组配置用来强化主要的干道。由于行道树使用乔木，实际栽种之后树冠与树冠之间会搭接，在小区内形成良好的绿荫效果。因此从平面图看应该是圈圈相连。设计的景观场地较小，根据行道树的尺度，植物在平面上的布置以4—5棵成组配置为宜，组与组之间空出半个或一个蓬径的

距离，再次强调成组。景观场地较大时，应适当增加成组的数量。当然，根据图纸不同目的，所用的图例不尽相同，也可以用云线、色块代替。（图2.1-20；详见第三章中景观总平面的绘制技巧）

2）填充元素——构筑物、空间不能成组配置，导致秩序结构被割裂。图2.1-21 a中除了建筑能够清晰可辨外，已经无法辨识其余信息。但是，只要稍加成组配置效果就会好很多，增加图纸不同功能区块的辨识度。（图2.1-21 b）

3）填充元素——空间属性的配置。节点空间属性的确认要根据所设计的初始框架所决定，此过程不能逆转；填充节点空间，以增加景观的趣味性。对需要节点设置的位置，设计内容应该成组配置。如"收"与"放"的空间，"起、承、转、合"的空间结构都可以作为这个节点的概括语句。如图2.1-22 a所示。无论如何，目的就是强化自身的秩序。在分析节点空间的组成时，可以发现点A的空间内容设置上是开放的成组配置，点B的空间内容是收缩的成组配置，点C的空间又再度开放。突出强调内在的秩序结构，在景观人视体验中也起到了跌宕起伏的戏剧性效果。同学们在实际操作中经常会将空间混淆，设计前后无明显对比，使得秩序结构体验乏味。图2.1-22 b中节点空间性质不明确，空间属性不能成组配置，造成整幅图纸的结构不清晰，大量空间设计感不足。

以上的三点大致是秩序建立的基本内容。（1）等级分明的道路结构共同场地功能，建立起场地朴素的秩序（骨骼）。（2）对称与隐含对称。均衡做法，是常见达到秩序的手段之一，并对局部场地，如景观轴线与景观节点的优化起到指导性的作用。（3）成组配置，将不同的元素，如植物、构筑物、空间填充进场地中，用于美化环境，是场地秩序的强调与完善。这三点都基于场地的秩序，不仅站在宏观的层面展开思索，同样也对细部的设计起到指导性的作用。与绘画相类比，秩序就是"打稿"的最初阶段，接下来的刻画与渲染都会在这个框架中生长、衍生，最终

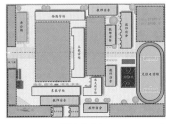

图2.1-21 a

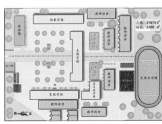

图2.1-21 b

图2.1-22 a

图2.1-22 b

形成美丽的景象。

图纸正确秩序结构的建立，极大方便接下来的设计工作，使其深化有了确切的方向。同学们在设计的初期就应重点考虑，将方案的"大方向"定位出来。

实训作业：

1. 选择《建筑与景观设计》课程中所制作的平面图，进行图纸分析，将秩序层次进行还原。

2. 挑选2—3张书后推荐的平面图纸进行秩序还原练习。

2.2　统一

生物诉求的是一种秩序，而常态中，却要以某些统一的形式作为载体，进行包装，方能展示。同样先以植物为例，简单的一片树叶，通过其大小、形状、色彩、材质等多重信息的叠加，形成了外在的表象。我们可以认知，

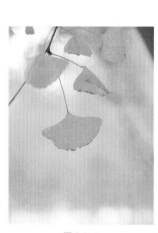

图2.2-1　　　　　　　　图2.2-2 a

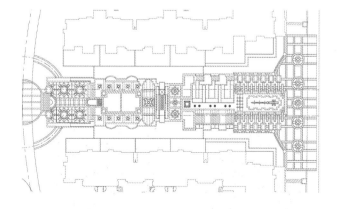

图2.2-2 b

拥有如此外在特征的就是一片树叶应该有的样子，甚至可以辨识其所属的植物科目。（图2.2-1）对于已经建立起秩序的现实景观场地而言，将放置在整体框架其间的元素，运用一种确定的设计方法可以使其在视觉上达到统一。通常，图纸的统一感是建立在主体、加强联系、重复这三个原则上的。其中，第一点主体（详述），解决两个层次的内容，① 解决景观场地宏观的问题，图纸中所表达的景观场地主体空间是什么？主体风格是什么？② 解决微观的问题，微缩到主体空间内对于主体的塑造。第二点加强联系（综合描述），① 解决景观场地中多个主体空间之间的联系，② 解决各个主体空间内部结构的联系。第三点重复（综合

图2.2-2 c

描述），在统一中起到平衡的作用。这三点往往是同时出现在实际设计工作中，对设计的每一个层级有着指导意义。

2.2.1　主体

主体是可识别的客观群体与单体，通过主体的塑造能够使某种功能有重点的表达，形成视觉的焦点，增强元素的辨识度。无论是平面图、立面图、效果图，都需要建立起主体的观念。图2.2-2 a中宏观的规划图纸可以看出主要表达的是绿化，信息传递辨识度高；图2.2-2 b微观节点中的水景成为图纸表达的主体，其余的元素相对近似，将主体进一步烘托出来。效果图中，人工水景造型独特、细节精巧，形成主体。（图2.2-2 c）

（1）功能主体的分析——观察自身的平面图，检查所设计的空间与总体空间是否协调，开始思索：将功能空间内的哪个部分作为主体？理由是什么？这些主体空间内的主体元素又有哪些？

商品房景观的例子：

商品房景观，需要掌握的两个主体内容：① 入口与示范区景观更应该成为空间的主体；② 确实需要提供观赏、

图2.2-3 a　　　　　　　　图2.2-3 b

图2.2-4

图2.2-5 a　　　　　　　　图2.2-5 b

图2.2-6 a　　　　　　　　图2.2-6 b

停留功能的景观节点空间。

入口与示范区景观成为主体考虑的原因：

意识形态的理解："回溯典籍《营造法式》，其中，各等级住宅大门的颜色、门楣复杂程度、门钉的数量均有严格规定。用来区分使用者的等级。"这种深埋于潜意识的等级制，有其特定物化的精神价值。

价值最大化分析：面对当今消费者，景观是房地产的附加值。在开盘预售之前，景观是消费者评议小区等级的重要依据，入口与示范区的作用更加直接。另一方面，开发商常常遵循"好钢用在刀刃上"的原则。为了销售的性价比更高，入口空间与示范区成了最先需要解决的重点，成为自然的主体功能空间。

将方法代入：

随着功能主体的确定，接下来的工作方能显得更为自由。空间内部的元素塑造也会跟随着"升级"，变得"清晰可辨"，自然成为主体空间中的景点空间。以下几个效果良好的实际案例遵循了以上方法。

案例一：地产项目入口空间、示范区空间

图2.2-3 a、b 小区的入口、大门的细节塑造；图2.2-4空间示范区域，景观构筑物、植物配置均进行了较为细致的设计，使得小区呈现出或"气派"或"典雅"或"内敛"的视觉感，为的是在同性价比的平台上，吸引消费者的眼球；再看看小区内部的景观处理，图2.2-5 a、b 显然降低层次进行建设。

补充：

商品房景观内容丰富，有一定的代表性。其他非商品房类型如回迁房小区、经济适用房地产项目与商品房项目有一定的差距。同学们在设计类似项目的时候依据典型商品房项目设计手法，做相应的"减法"进行设计。（参考微信号本书资料第二章《万科——景观标准化卡片》）（图2.2-6 a、b 非商品房实例）

景观节点空间成为主体考虑的原因：

景观节点空间需要提供观赏、停留的功能，增加了人流量，成为小区的主体。

停留是功能，观赏物则可以是一个、多个景物或一个景物拆分的片段。

图2.2-7 a　　　　　　　　图2.2-7 b

图2.2-8 a　　　　　　　　图2.2-8 b

对比的例子：

图 2.2-7 a 为小区某处的停留空间，但仅有停留功能，无观赏要素。因此，不能称为景点空间。如果稍加修饰，就会贴切一点。（图 2.2-7 b）这个观赏点可以单指一个雕塑，也可以是一整片景色。

将方法代入：

不同的景点空间所观赏的景致，感知也是迥异的。如图 2.2-8 a、b 所示，停留在如此的景点空间中，是不是觉得流连忘返呢？

补充：

运用方法，也可以解决其他的问题：很多同学面对设计项目，往往想一步解决问题，却没有把问题想透彻。表现之一，是方案汇报中语言的贫乏："这里是个亭子，这里是绿化，这里是个花坛。"同学们哪怕不说，其实也能知道绿色的是绿化、五颜六色的方块是花坛。很少有同学能从景观场地宏观的角度去描述，找寻合适的主体景点空间。少了这个步骤往往导致最终景观效果毫无重点，想表达的很多但是始终不能突出主体，使得场地的整体丧失景

观的统一感。图 2.2-9 a、b 无主体、主体不突出。见于同学们的作业，过分的表达。如果同学们表述成"某个亭子的放置对停留空间起到什么作用，绿化的放置起到什么作用……"会不会好一点？因此，景点空间也是景观场地不能缺少的空间之一，不仅是重点打造的主体之一，也考查同学们的设计思路。

（2）宏观的主体形式——迥异的景观风格：以居住区景观为例。景观平面图中不仅表达各种景观内容的尺度、定位、形式，也能以突出某一种特定内容的地域性特征（形式）来烘托场地的风格，达到场地精神文化上的统一。如建设以欧式为主体风格的居住区，景观平面布置图中就应靠近欧式的轴线处理，以几何化的景观节点作为主体去标识这块场地，如图 2.2-10 a、b 所示；如以新中式为主体风格的居住区，在景观平面布置中就理应遵循"小桥流水"、山环水抱的内敛感觉；（图 2.2-10 c、d）又如现代海派风格，同时要展现出海纳百川的杂糅风格。（图 2.2-10 e、f）以上这些风格衍生、增强了居住区的文化内容，强调景观的统一。

图 2.2-9 a

图 2.2-9 b

图 2.2-10 a

图 2.2-10 b

图 2.2-10 c

图 2.2-10 d

图 2.2-10 e

图 2.2-10 f

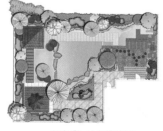
图 2.2-11 a

图 2.2-11 b

将方法代入：

在审图当中，发现同学们有一些考虑欠缺的典型案例。① 风格形式杂乱，无明显的风格主体。看起来做了很多的工作，但是却造成了图纸统一感的丧失。如图 2.2-11 a 作为欧式的规整结构，与中式的自然式曲径、未经雕琢的水面相结合，风格与风格间的结合，并没有突出主体的风格。② 没有掌握一般风格的特征要素，如图 2.2-11 b 中式庭院平面图的布置，私家庭院曲径通幽传统感知丢失。

图 2.2-12 a

图 2.2-12 b

图 2.2-13

也许，同学们是在思考对于枯燥风格的创新。但是，在初期的工作实习阶段，还是要以最基本的造景手段结合对应场地，思考设计的主体形式。只有在熟悉、游刃有余掌握的基础上，才能促发更有把握的创新。（图2.2-12 a、b）

（3）微观的主体——特定空间中景观元素的配合用来形成整体的统一：在宏观主体定位，例如内容、风格完成之后，方能进行微观空间的塑造。塑造的依据为对比中的微观主体和形成微观主体的具体方法。下面通过特定的景观空间与景观元素分别说明这两点内容。

注意：相应的主体不会是单纯去塑造的，其中一定要配合重复相似的概念，才能更好地理解主体。如果没有相似物的烘托，主体的营造本质上是行不通的。

1）对比中的微观主体：在宏观主体（如入口空间、景观节点）确定后，就要开始准备打造各个宏观主体内部，细节主体内容。它们可能是一段景致中美丽的植物，湖边古朴的凉亭，或是转角处突如其来平静的水面。但仔细观察就会看出，其中的美丽植物、凉亭、水面并不是单独出现，而是通过周围环境的烘托所得来的。（图2.2-13）同时，拥有主体的空间也不是在场地中频繁出现的，有一定的规律性。一般的方法是一组主体外加相似的背景进行配合。

将方法代入：

案例一：以美化为主的小区公园入口空间。图2.2-14 a

图 2.2-14 a 平面图

图 2.2-14 b 效果图

图 2.2-15 b

图 2.2-15 a

图 2.2-16

平面图中元素的搭配有主体内容,其余的元素相对近似,因此在图 2.2-14 b 效果图中就有了观赏的焦点,同样是植物,其余相似植物的配合起到了烘托主体的作用。

案例二:以停留休憩为主的景点华芳国际居住小区,(图 2.2-15 a)平面中,中心景观带布置主次分明,相似的草地与乔木正好衬托出山"亭廊"。效果图(图 2.2-15 b)将元素进一步强化,画面统一感产生。

案例三:过多的主体所带来的麻烦,影响视觉的判断。图 2.2-16 中,想要摆放的主体过多。这些主体单一来看个个婀娜多姿,但是放置在一起,就造成了视觉的游移。"少就是多",难以达到统一。(图 2.2-17 a、b)

以上三个案例中的主体都通过一群相似元素进行对比、烘托,主体才能在一段景致中凸显,所选择精心打造

的主体才有存在的价值。

2)形成微观主体的具体方法:① 形状的对比;② 大小的对比;③ 色彩的对比;④ 肌理与材质的对比。四种对比方法,能够将主体在空间中凸现出来。下面通过实例分门别类说明。

注:在实际设计时,四种对比方法是可以混合考虑后放置在空间中的。

软质元素——植物空间

① 形状的对比:图 2.2-18 a、b 中建筑入口空间,植物树形的对比。图中组团绿地中,灌木通过形状相似性复制,从视觉上归纳成几何形体,与乔木对比成为背景。很好地衬托了主体孤植的乔木。

② 大小的对比:图 2.2-19 a、b 中某个区域的入口空间,同样为香樟树的情况下,通过相似性复制,较小的香樟群成为背景,大的那棵成了主体。图 2.2-19 b 中的景观轴线虽都为重点,对比之下面积较大的绿化区域自然成为焦点主体。

③ 色彩的对比:图 2.2-20 中湖边观赏的植物,色彩相似的水杉成为背景。与前景的银杏在色彩上有对比。银杏成为空间的主体,反之亦然。

④ 肌理与材质的对比:图 2.2-21 中转角处的一隅,背景处的芒草整体肌理细密,与八仙花肌理的松散产生肌理的对比。尝试中我们会把细密的物体处理成背景,因此,八仙花成为空间的主体。

硬质元素

① 形状的对比:如图 2.2-22 a、b 中式庭院中,"粉墙"前放置的太湖石,瘦、漏、透、皱。"粉墙"作为"画本"将主体太湖石烘托出来。(详见陈从周《说园》)

② 大小的对比:图 2.2-23 a、b 景观场地平面布局中,草坪活动空间所占的场地面积大,成为场地的主体。

③ 色彩的对比:图 2.2-24 a、b、c、d 中红色长廊是场景中最显眼的色彩,形成了视觉的中心,是场景的主体。

图 2.2-17 a

图 2.2-17 b

图 2.2-18 a

图 2.2-18 b

图 2.2-19 a

图 2.2-19 b

图 2.2-20

图 2.2-21

图 2.2-22 a

图 2.2-22 b

图 2.2-23 a

图 2.2-23 b

图 2.2-24 a

图 2.2-24 b

图 2.2-24 c

图 2.2-24 d

图 2.2-26

图 2.2-25 a（五玠坊）

图 2.2-25 a 平面

图 2.2-25 b

图 2.2-25 c

图 2.2-25 d

注意色彩的面积与过渡要处理得当。

④ 肌理的对比：图 2.2-25 a、b、c、d 中平面布置图中的铺装采用两种铺装材质和截然不同的拼接工艺，以求得不同的肌理感。这种做法，也通常用在区分外部。（参见微信号本书资料《万科硬景绿皮书》）

软质元素与硬质元素的结合——复杂的空间

实训综合练习 I：

综合性对比后的效果图：从效果图（图 2.2-26）分析可得知，不论是前景的地被还是背景的乔木都做了相似性的处理，形成较为抽象的整体；作为画面主体的木平台活动区域占据了画面主要的空间；画面整体的色调是暖色调；木平台活动区域内的各种材质、肌理较其他元素清晰可辨；最后，以木平台为主体的画面就跃然纸上了。

现在，我们试着运用形成主体的方法重新分析一下自己的图纸吧！

实训综合练习 II：

要求：综合性对比别墅庭院空间平面图制作。1. 根据实景，（图 2.2-27）经过分析，首先寻找原场地人工水景的问题所在；接着运用形成主体的方法对场地进行详细分析，制作分析图纸；最后将四种对比方法综合考虑，重新设计水景。

图纸内容：

① 元素：喷泉、叠水、花坛、种植池、休闲座椅等；

② 材料与色彩：驳岸材料为黄石，色彩方面主要以白色系为主；

③ 表现方式：电脑制作彩色平面图；

④ sketch up 制作效果图。

（CAD 图纸、参考图片见微信号本书资料本章节练习文件夹）

小结：

主体是图面所要重点表达的内容，是图面达到统一的重要因素之一。它可以是宏观景观总平面中重点需要打造的景观节点，主体景观的风格导向，也可以是一段微观视景中通过对比所烘托的主体景物，如草坪、喷水池、色彩丰富的花境等。这使得观者在景观的气氛中游走，有景可观；在停歇下脚步时，有景可赏。从宏观的景观总平面布局到细部的视景处理，主体的参与分层递进。可是，场地内的主体，不管是宏观与微观都不可能单一出现。图 2.2-28 鸟瞰图中景观节点变成了相对独立的部分，画面缺少层次与空间感，主体仅仅完成了画面统一的其中一个方面。画面的统一，同时需要和周围产生某种关联。接下来的重复与加强联系将综合起来进行分析。

2.2.2 主体、重复、加强联系的综合运用：

（1）关于重复的补充：重复比较特殊，它可以是加强联系的一种方法，有时通过元素的重复也可以成为场地中的主体。也是形成主体的有效方法，有时重复也可以独立出来主导画面的统一。

案例：元素的重复

图 2.2-29 a 中薰衣草作为单体大量重复，成为场景中的焦点；图 2.2-29 b 中道路两边种植的悬铃木枝叶茂盛，经过单体悬铃木的重复，在视景中成为场景的主体，同时也提供了林阴功能；图 2.2-29 c、d 视景中庞大的廊架是场景中主体表达的构筑物，同样，钢木廊架的形成是通过一组构成元素的重复而得到的。

（2）加强联系的重要性：在浙江玉环园林城市改造项目中，如图 2.2-30 a，原场地的主体空间孤立，缺乏景观联系。通过计算机辅助技术增加重复的植物元素，很好地加强了主体空间的联系，强调空间的围合感受及功能。（图 2.2-30 b）景观场地节点效果图（图 2.2-31 a）道路改造中，原场地中罗汉松之间缺乏联系，增加高大乔木后，画面统一感产生。（图 2.2-31 b）

案例中统一的赏析方法：

案例一：

江西萍乡美地小区景观规划平面图在设计中遵循了统一的法则。（图 2.2-32 a）① 主体：宏观的景观主体为南北纵向景观轴线，主要的设计内容集成在轴线中。同时，点 a 是主轴中的主体，其大小、色彩、形状、肌理与其余设计内容均有区别。从主体风格而言，造型大都以几何数理关系处理，如水池的造型、铺装的铺贴方式等。② 加

图 2.2-27

图 2.2-28

图 2.2-29 a

图 2.2-29 b

图 2.2-29 c

图 2.2-29 d

改造前效果

改造后效果

图 2.2-30 a

图 2.2-30 b

图 2.2-31 a

图 2.2-31 b

强联系：成组重复的植物加强了场地内各空间的联系，以绿化联系起整个场地。这里，重复是加强联系的方法。图2.2-32 b 为此场地的虚拟效果图，同样遵循统一的法则。由于视景的变化，场地产生高差，二维的图像呈现出三维的效果。① 主体：效果图角度不同，所表现的主体也不同。

图 2.2-32 a

图 2.2-32 b

同学们要选择适合的角度去表达你想要表达的主体内容。
② 重复：场地外色彩近似的植物不断重复，充当了主体的背景，烘托主体空间。③ 加强联系：场地内植物的重复，以绿化使场地形成整体。这里，重复是加强联系的方法。

案例二：

无锡蠡园开发区研创大厦景观设计中遵循了统一的法则（图 2.2-33 a）。① 主体：主体为楼前广场，其余空间降级进行设计。主体中穿插绿地、树池、水景，打造一个适宜的入口空间，其中，水景成为主体中的主体。② 重复：平面图中大部分的上层乔木不论形状或色彩都不断复制，营造出统一的绿化空间。③ 加强联系：节点场地中的二级

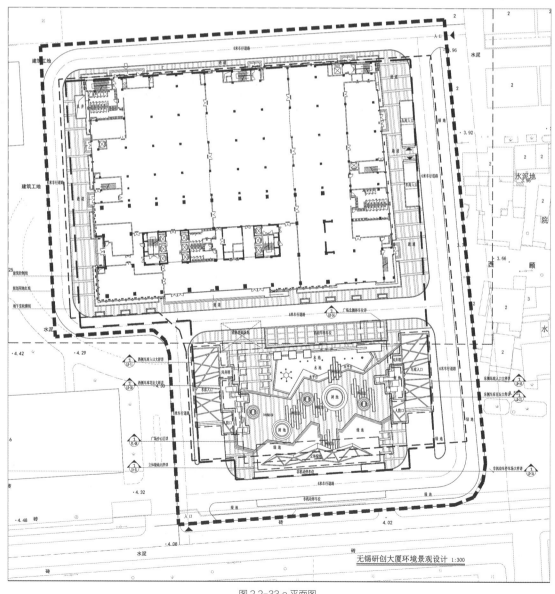

无锡研创大厦环境景观设计 1:300

图 2.2-33 a 平面图

图 2.2-33 b

道路与宅间小路加强了各个节点与主要道路的联系，加强场地间联系，统一感增强。三级道路功能迥异，秩序等级分明。（图 2.2-33 b）

实训作业：

通过主体、重复、加强联系的综合运用，完成本节作业。

要求：完成浙江玉环园林城市改造设计内容。（参见微信号本书资料）

图纸内容：

① 选择三张图片做原场地分析，提出修改建议。建议不少于 500 字；

② 按照书中范图在原始图片上进行改造。（实训教师应在课堂中做技巧演示；将常用的景观单体素材拷贝到"云空间"中或告知下载的链接，学生自行下载）

小结：

主体、重复、加强联系，是构成统一图面的理论方法。本节讨论的是景观美学第二层级的内容。在实际工作中，要运用理论去指导平面图与效果图的制作，总括而言，与前面的秩序相叠，构筑出景观场地整体统一的画面，同时，也是层层递进的理性考量。但在我们的生产活动中，并非仅是静态的画面。在行走中"步移景异"的观察动态景观格局、丰富多样的绿化空间，就需要结合韵律。

2.3 韵律

无论是平面布置图还是内部节点空间，秩序和统一解决的是设计的总体组织和内部元素的配合，构建出场地的静态美学，观者只有跳出空间限制才能够感受到。但在具体空间中，我们不可能瞬间转换场地，必须要在运动中衔接，使得静态观察的美景在运动中能够优美地衔接，将运动中观察到的景观片段抽象出来，形成整体的图像。因此，将韵律增加进来，便增加了空间的维度，使得观者在场地内行走时拥有不同的心理、视觉上的变化。

韵律，一部分内容解决的是场地运动中的感知，一部分也提供了单体元素设计的方法。

古典的文学韵律：

我国典籍中关于韵律的经典描述：陶渊明《桃花源记》中"缘溪行（引导与暗示），忘路之远近（第一层级）。忽逢桃花林（景观节点空间），夹岸数百步，中无杂树（重复），芳草鲜美，落英缤纷（渗透与层次，空间的对比），渔人甚异之（加强暗示）。复前行，欲穷其林。林尽水源（第二层级，节点的边界），便得一山，山有小口，仿佛若有光（第三层级开始，引导与暗示）。便舍船，从口入。初极狭，才通人。复行数十步，豁然开朗（起伏与层次，第三组结束）"。

抛开中国田园诗的意境不谈，单从桃花源"犹抱琵琶半遮面"的文字设计上就为我们展现出一连串精彩跌宕的行程体验，是可以直接运用在图纸的审图过程中的。接上文，韵律通过以下几点展现它的魅力。1. 戏剧性空间感知：（1）空间的序列；（2）空间的对比。2. 具体设计法则：（1）重复；（2）倒置；（3）交替；（4）渐变。

2.3.1 戏剧性空间感知

（1）空间的序列：1）渗透；2）引导与暗示；3）起伏与层次；4）边界效应。

（2）空间的对比：1）虚与实；2）疏与密；3）藏与露。

以上的两点被综合起来考虑，用在景观场地中，以形成流动的韵律。

西蒙兹在《景观设计学》中讲述了一个极端的例子，图解了空间的序列，从图 2.3-1 中可以看出空间分裂成多个抽象的部分，通过观者的行走，组成了一组序列："空间序列中视景的变化。在行走的过程中，透过松散的叶丛一瞥，看到狭长的框景（第一组渗透）；再次行走到较开阔的地段，可以将视线逆转，看透镜，看衬于视景上的亭台（第二组暗示与渗透）；再次行走将视线逆转，透过树丛看与视野相对的物体（第三组渗透）；接下来行走在封闭的地段，集中精力于洞穴状的幽深之处，观察到小径曲折处的台阶与廊桥（第四组暗示、起伏与层次）；最后在行走中停驻，展现于眼前的是一览无余的全景（第四组序列结束）。"人们在行走的过程当中，所经历、所观、所

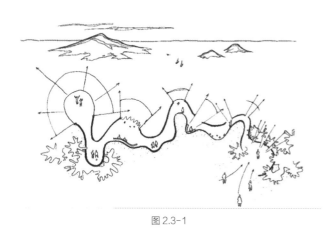

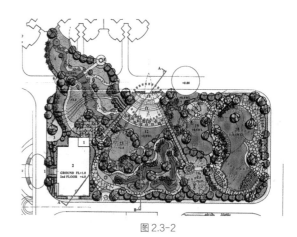

图 2.3-1　　　　　　　　　　　　　　　　　　　　　图 2.3-2

感的就是一连串的空间序列，观者行程曲折，心里跌宕起伏，在现代景观设计中同样遵循着空间序列。

注：同前文一样，同学们在运用中，具体场地、具体对待。

代入韵律的方法：

案例一：深圳嘉宝田花园总平面图空间韵律分析——小公园设计

图 2.3-2（图纸来源于网络，图面分析：苏宇）中，红色圆形虚线框为各功能节点，蓝色、紫色虚线代表不同目的的人流秩序，这里分为了快速通道（蓝色）与赏玩通道（紫色）（以观赏为目的人群为分析的重点）。运用上文的方法进行分析，来看一看空间韵律是如何穿插其中产生作用力的。从入口进入功能节点 A，观察者上四级台阶进入第一组空间（场地起伏）。由于需要解决集散，将第一组空间开敞处理。视线的边界是以植物为背景的雕塑 a 点（场地的边界）；视线渗透进树丛中，在 a 点，能够隐约看见小路（渗透、藏与露）。向右即将进入第二组，闭合空间 B。路口有繁花似锦 b 点（暗示），继续前进，即将进入空间 C，接着，观者将视线转移，专注在曲径中行走，两边植物起引导作用（引导）。在 c 点将视线渗透，观察与视野相对的功能节点 D 儿童空间（引导兴趣）。接着进入功能节点 E，第三组。视线稍微放开，并隐约从树丛渗透观察水面，节点 F。再次启程，一边可快速到达点节点 G（建筑入口），一边可以进入节

图 2.3-3 a

图 2.3-3 b

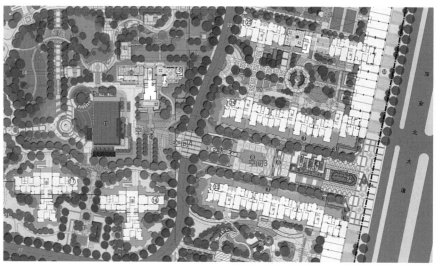

图 2.3-4

点H。选择进入节点H，在点d豁然开朗，观赏整个水面，第四组。再将兴趣转移，穿过闭合空间，在e点观察叠水，侧耳倾听水流，第五组。缘溪行，踏着石子小路进入点f，观察整个环境，第六组。（观察点A到点I的高程数字，可得知，行走的过程中存在场地的起伏）以上这一连串的空间体验，是由韵律组织起来的游览过程。由开敞到闭合，从闭合再到开敞。视觉在其中游走，丰富、节奏紧凑，形成良好的空间序列。整体空间的对比，时疏时密，时虚时实，时藏时露（见图中图例，对照观看）。最终的空间表现如图2.3-3 a、b。

案例二：凤凰天城居住小区六期景观设计——居住区典型景观轴线串联设计

图2.3-4（图面分析：苏宇）中的景观轴线，红色圆形虚线框为各功能节点，蓝色虚线代表人流。由萍安北大道进入A点，人行主入口需要解决集散，将第一组空间开敞处理（疏畅）。主要视景是水车雕塑。继续前行，两边挡土墙重复的装饰与落英缤纷的植物进行引导（引导与暗示），视景的边界处是居住区的门房（空间的边界）。登上台阶，缘溪行。两边的台地种植高低错落，繁花点点。第二组空间视线范围不断收缩（起伏与层次、半密闭），将视线转移，经过大门（密闭），来到第三组空间。观看

疏林草地，两边行道树围合，视线可渗透，观察林下的开花植被，视景的边界为高大的乔木。将兴趣逆转，继续前行，进入密闭空间，两边重复植物围合感增强，在头顶形成绿盖，树影斑驳。将视线收缩，从植物间隐约看见第四组空间（实与虚、密闭、空间的边界、引导与暗示）。继续往前，进入观赏的边界处，目标人群开始分流。将视线逆转，看对景，继续前行（引导与暗示、疏畅）。第四组空间细节。再将视线逆转，在密闭空间行走，偶遇阶梯（密闭、引导）。登上台阶，观看第五组空间全景。将视线转移至边界处，隐约可见精美雕塑，继续前行，进入密闭空间。景观轴线结束（引导与暗示、实与虚、疏与密、空间的边界）。从闭合到开敞、开敞再到闭合，视觉在其中游走，场景丰富、节奏安排紧凑，形成良好的空间序列。整体空间对比而言，时疏时密，时虚时实，时藏时露。图2.3-5 a、b为各主要视角静观效果。

2.3.2 具体设计法则

早在初中化学课中，我们就得知宏观世界其实是由更小的微观元素所组成。作为设计师，通常设计体验也是如此，将一些基本的元素叠加在一起，形成令人惊艳的造型，同时具有无限性。这些组成方式得到了美观的效果，当然也得遵循一些既定规律。大致的组成规律方法为：① 重复；② 倒置；③ 交替；④ 渐变。接下来的几个案例中将说明这四点方法是如何拓展设计思路的。但是，案例通常从单一视角考虑问题，在现实景观场地应灵活处理。如果真正地理解，同学们会发现，随着空间的增大，这四种方法会

图2.3-5 a

图2.3-5 b

图2.3-6

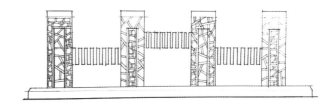

图2.3-7

法，加之基本元素材料的增加与搭配变化，几乎可以产生出无限种可能的设计。

（2）场地硬质铺装：图2.3-9中的铺装运用了重复的方法分段设计。图2.3-10中的铺装运用了倒置的方法丰富设计。图2.3-11中的铺装运用了交替的方法丰富设计。图2.3-12中的铺装运用了渐变的方法丰富设计。以上都是运用同一块石料进行机切做出的四种不同的组合。同上，加入不同色彩、不同规格的石材，能够产生无限的可能。

（3）复杂构筑物设计：廊架由于长度的关系，通过构件韵律的变化、构件参数的干扰，会得到千变万化的设计。图2.3-13a中的廊架运用了重复的方法，所用基本元素为图2.3-13b；图2.3-14a中的廊架运用了渐变的方法，所用基本元素为图2.3-14b。由于一座廊架的组合复杂，搭配并不局限于具体的韵律表现，有时，将其抽象表达，利用单一元素间无明显规律的渐变、旋转可形成廊架"表皮"效果（图2.3-15）。

（4）空间设计：对于之前谈到的轴线空间设计而言，这四种方法也起到了抽象指导的作用。如图2.3-16a、b、c（图片来源于网络）中，三个不同空间的行走韵律，通常需要定下某一种可以通过重复、交替、倒置、渐变而得到丰富体验。现在，我们可以将四种方法依次编号为A、B、C、D，在图中就可以明显看出，便于同学们举一反三的学习与回顾。图2.3-16a为A、B、A、B，图2.3-16b为B、C、D，图2.3-16c为B、D。

韵律实训作业一：

绿化配置——具有一定规律的绿化配置设计

设计任务书：现有需要改造道路，某城市道路。（图2.3-17a、b）图2.3-17a为道路绿化中分带现状，图2.3-17b为道路倒头处绿化带。改造缘由：经过踏勘、分析，图2.3-17a道路现状中分带（图中红线范围内）需要重新设计。存在的问题：加拿利海枣与红花檵木球缺少延续性的植物层次，造成草皮外露，人员极易穿行，需要增加植物美化视觉与完善中分带功能。图2.3-17b道路倒头处需要设计，并满足规范要求。运用本节中重复、交替、倒置、渐变的设计方法改造现状，可综合使用。

设计元素：由于从现状分析得知，不可再种植乔木。因此，可补植单层或多重灌木层、灌木球或植被层。

作业要求：

（1）能够运用书中介绍的秩序、统一、韵律方法指导，

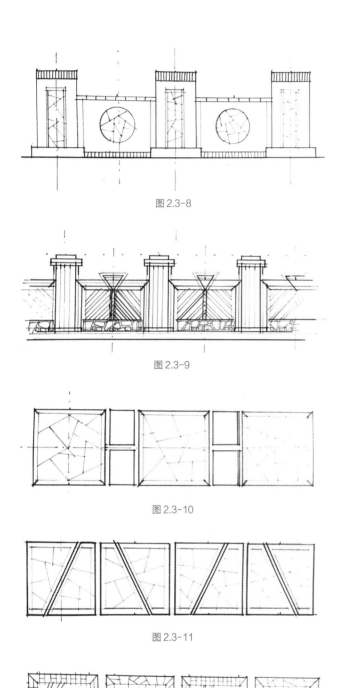

图2.3-8

图2.3-9

图2.3-10

图2.3-11

图2.3-12

变得越来越抽象。

（1）特色景观围墙：图2.3-6中的围墙运用了交替的方法设计。图2.3-7中的围墙运用了渐变的方法设计。图2.3-8中的围墙运用了重复的方法设计。通过这几种方

   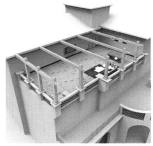

图 2.3-13 a   图 2.3-13 b   图 2.3-14 a   图 2.3-14 b

  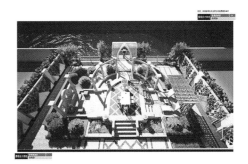

图 2.3-15   图 2.3-16 a   图 2.3-16 b

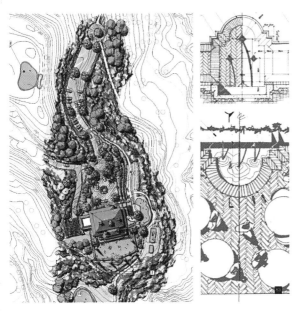

图 2.3-16 c

图 2.3-17 a

进行改造设计；

（2）尺度正确；

（3）运用重复、交替、倒置、渐变制作四张彩色平面图、效果图各一张。

图 2.3-17 b

实训指导：

（1）找寻问题：现状的问题属于秩序、统一、韵律哪一部分的缺失；

（2）罗列问题：A.植物元素过于重复；B.缺少成组布置；C.植物间没有加强联系；D.横断面缺乏韵律；

（3）解决问题：A.增加灌木带与地被；B.设计成组配置植物；C.加强植物间的联系；D.考虑植物的高低搭配，增加观赏韵律；

（4）满足国家规范要求，道路倒头处绿化 25m 范围内不得种植乔木、高大灌木。

实训作业二：自选微信号本书资料第二章案例文件包中的景观项目，运用美学法则进行平面图、效果图的分析。数量自定。

本章小结

作为景观，必然有可"观"的部分，而作为前期图纸的表达，"观"就必须以美学作为依据。通过对自身图纸的自审，以求建立起设计者最基本的审美系统，这是相当重要并需要长期积累完成的。在本章中，秩序建立起骨架，使得各个功能空间得以依附；运用统一的手法，在大骨架既定后，逐渐将场地的主要景观节点进行局部深化表达，求其凸显。将不同功能空间的主次关系有序梳理，图纸表现"疏可走马、密不透风"；而韵律则关注在场地中运动的感知，将各个部分适宜的联通在一起，"步移景异"。最终，综合在一起，达成景观场地图纸美学表达。从宏观至微观，是达成美景的充要条件。

在审图过程中需要再次提醒的是：1）平时应当养成搜集图片的习惯。做到平面图与鸟瞰图的配套搜集，以培养自身辨别图纸好坏的"火眼金睛"。2）艺术设计下的景观专业，设计形式语言是我们的强项，但往往不能站在更为宏观的角度审视所制作的图纸。因此，要逐渐培养并完善自身规划的眼光，多从宏观的角度去观察，特别是审视图纸秩序框架的阶段，应多思考，勤发问，与实训教师多协调。如若不然，"差之毫厘，谬之千里"。

同时，我们憧憬着，一份完美的景观场地设计图纸，从纸面到实体，最终成为美好的景观，人们在其中徜徉与感知，这是多么令人激动的事情。而这一切，都并非单纯的美学存在。美景的产生，需要技术性的工作与不同专业的协作。这些都并非一蹴而就，必须通过精心分析，遵循一定的逻辑步骤。在下一章中，我们将走进实习、实训——景观设计流程的介绍。

注：大四的同学或即将进入景观行业的同行们在平时搜集资料的时候，常有疑问，困惑于不知道哪些景观平面图是具有美学的，哪些效果图是优秀的。实际操作中，有些同学、初级的设计师在完成景观平面图后，通常不考虑二维图面的美学，从整体看是否统一，也不通过三维软件（草图大师）或草图进行辅助推演。如，空间中的主体是否与场地相得益彰、三维空间是否设计得有层次等，而总是希冀效果图公司为你带来良好的效果，完成任务，认为只要效果图出得好就行。但是，一般来说，效果图是必须设计师"盯着"做的。如自己不明白画面的好坏，结果可想而知。虽然现在的景观效果图的分支有景观后期处理设计，但毕竟不是景观设计师，不能够完全把你的想法表达出来，而只能在细节上做工作。关于之前的审美问题，一方面要多看图、多练习达到一定的量，另一方面还需对理论好好的理解，看一张图，不能仅仅从固定的角度去看，二维变三维，三维变二维综合的推演，才是比较好的方法。主体、重复、加强联系是达到画面统一最基本的方法，要将其掌握。

第三章
景观实习、实训设计流程

3.1　景观设计流程设计文件编制深度总则

场地景观项目设计一般分为方案设计、初步设计及施工图设计三个阶段。不需报批的项目一般仅为方案、施工图阶段。各阶段设计文件编制内容应该符合国家现行有关标准、规范、规程以及工程所在地的有关地方性规定（详细参见第四章），以保证设计的规范与质量，为创建出美好的生活环境，提供切实的设计依据。各阶段综述如下（其中方案设计文件图纸内总平面分析与总平面形式构成独立分述）：

景观设计流程——方案设计文件包括设计说明及图纸（见3.2）

① 满足编制初步文件的需要；

② 提供能源利用及与相关专业之间的衔接；

③ 据以编制工程估算；

④ 提供申报有关部门审批的必要文件。

景观设计流程初步设计文件包括设计说明及图纸（略）

① 满足编制施工图文件的需要；

② 解决各个专业的技术要求，协调与相关专业之间的衔接；

③ 据以编制工程概算；

④ 提供申报有关部门审批的必要文件。

景观设计流程——施工图设计文件包括设计说明及图纸（见3.3）

① 满足施工安装及植物种植需要；

② 满足设备材料采购、非标准设备制作和施工需要；

③ 据以编制工程预算。

3.2　景观设计流程——方案设计文件包括设计说明及图纸分述

方案的定义：方案是进行工作的具体计划或对某一问题制定的规划。

景观方案亦是如此，所谓的具体规划制定，从宏观上来说，就是发现、分析景观场地的实际问题与解决实际问题的能力。微观上，设计师需要通过方案文本将这些问题通过客观形象语言进行解读。一方面是完成初期实际场地从现状到建设的虚拟逻辑推演，另一方面是为设计方同拟建设方建立起一个理想的初期沟通平台。

景观方案设计，并不是无中生有的想象和几张效果图的堆砌，必须要以不同景观场地的诉求为基础。因此，一份结构清晰、有很强逻辑性的文本，才能够帮助设计师在实际设计工作中探讨设计的利弊，做出更加经济、实用、美观的景观设计，为人们所使用、所观赏。在整个景观设计流程中，方案设计是重要的组成部分，指导接下来的初步设计、施工图设计。

方案设计的成果一般以详细文本的方式体现。下面从方案文本的基本结构编排方面，学习、熟悉景观方案如何组成，如何进行逻辑推演，有些什么样的内容及深度。

3.2.1　景观项目方案设计文件编制深度——以实习、实训方案设计文本编制模板为例

方案设计文件包括：封面、目录、设计说明、设计图纸综述、设计图纸分述（封面与目录自定）。

3.2.2　设计说明

设计说明：1.设计依据；2.场地概述；3.设计总体构

思、主题与特点。

1. 设计依据

设计依据是进行方案设计的指导文件，其框定了设计的等级及其内容。

（1）由主管部门批准的规划条件（用地红线，总占地面积，周围道路红线，周围环境，对外出入口位置，地块容积率、绿地率及原有文物古树等级文件、保护范围等）。（图3.2-1）

（2）建筑设计单位提供的与场地内建筑有关的设计图纸，如总平面图、屋顶花园平面图、地下管线综合图、地下建筑平面图、覆土深度、建筑性质、体形、高度、色彩、透视图等。（图3.2-2 a、b）

（3）园林景观设计范围及甲方提供的使用及造价要求。

（4）有关气象、水文、地质资料，地域文化特征及人文环境，有关环卫、环保资料。

（5）明确甲方对于项目的基本框架方向与基本实施内容。基本框架确定了场地的用地性质，基本实施内容确定了服务的人群。

2. 场地概述

（1）本工程所在城市、周围环境（周围建筑性质、道路名称、道路宽度、能源及市政设施、植被状况等）。

（2）场地踏勘：在基本交流后，设计师应去实际场地进行踏勘工作，收集第一手资料。踏勘内容包括：1）所处地区的气候条件、气温、光照、季风风向、水文、地质土壤；2）周围环境，主要道路，车流、人流方向；3）基地内环境，湖泊、河流、水渠分布状况，各处地形标高、走向；建筑外轮廓形式、层高，基地出入口位置等。拍摄场地照片。（图3.2-3）

（3）原始场地分析。将所得到的资料整理，进行现状分析。分析包括以下几点：

1）场地内道路系统分析。

2）场地内建筑分析。

3）原始基地标高分析。基地的高程是多变的，有平坦也有山地。做好标高分析能有效地平衡土方，减少建设造价。如对基地内的标高有所疑问，设计师要提出修测的书面意见，避免后期工程指导产生不必要的修改。

4）踏勘对比分析。常见于改建项目。在踏勘时选择合理的拍摄角度，为接下来的对比分析做准备工作，进一步为方案设计提供实用基础。例如：浙江玉环——园林城

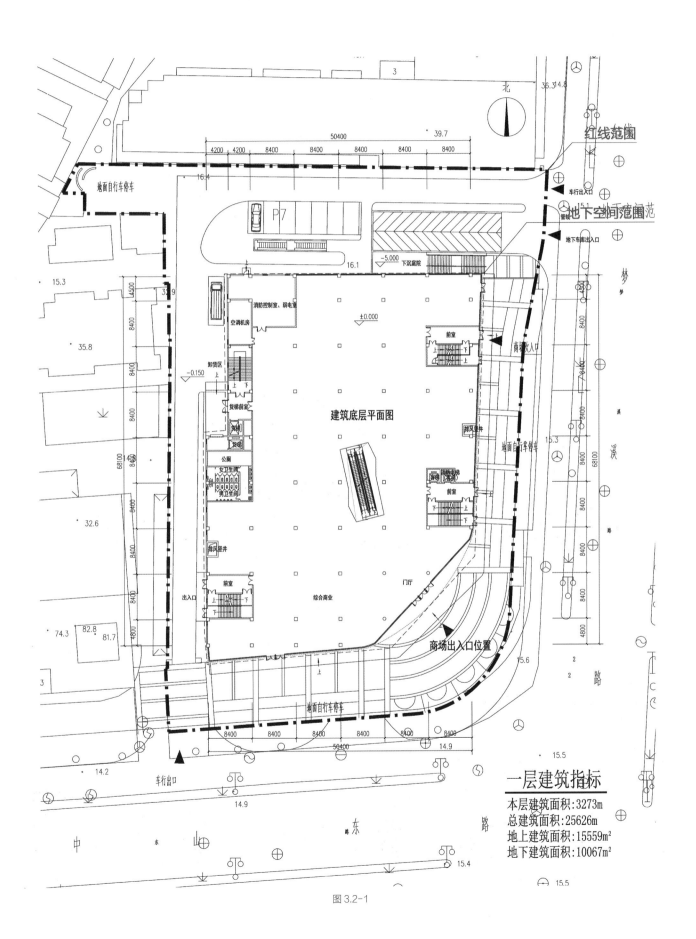

图 3.2-1

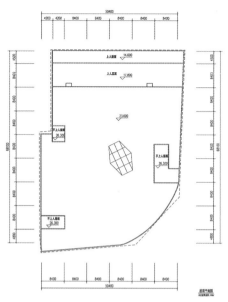

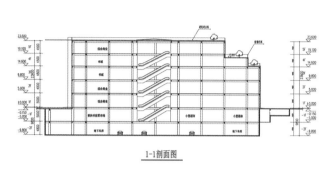

1-1剖面图

图3.2-2 a、b

市景观方案（图3.2-4 a）提升中，石榴园分区，中心种植区内，现状为石榴树长势缓慢，不能起到有效的遮阴效果，下层多以草坪为主，游人踩踏严重，应建议增补高大乔木和色叶类花灌木，丰富林上林下组团空间，如图3.2-4 b。

3.设计总体构思、主题与特点

总体构思、主题及其特点，组织步骤包括：（1）设

图3.2-3　　　　　　　　　　　　　图3.2-4 a　　　　　　图3.2-4 b

计原则与定位→（2）案例分析→（3）设计理念的提出→（4）设计总体构思、主题及特点→（5）设计图纸。

（1）设计原则与定位。有的项目占地面积较大，社会影响力强，因此，就要联系高一层级规划的要求，查看基地的详细性规划信息，帮助理念的提炼。例如：无锡梁塘河湿地公园占地40余公顷，应参考无锡太湖新城规划要求确定设计原则与设计定位。（图3.2-5）

（2）案例分析。对基地项目相似性案例的分析，有助于设计师在检索资料时，思考基地的个性与合理性，方便将适合的内容与形式放置在场地中，最终得出结论。

（3）设计理念的提出。根据基地现状分析、案例对比、规划依据进行逻辑推理，就可以提出项目的设计理念。有的时候，理念是甲方提供的，有的时候是设计师的工作。理念的意义在于可以提供项目一个可提炼的有形方向，如"以人为本"、"乐活"等，是通过细节工作后进行拓展的。接下来的设计都在解释与细分论证这个方向。理念不是"口号"，还需要通过论证等细节性的工作才能让人信服。

（4）设计总体构思、主题及特点。构思、主题及特点应该通过前几项的分析、总结得出结论。

理念故事一则：2007年，参加某地规划局的两次汇报。两个单位同时以地区文化作为理念规划风景旅游区，理念新颖。但是两个单位的汇报文件却有很大的差距，前者仅以文化命名为出发点，后者则描述了众多实际细节性工作，有一定的前瞻性，方案文本翔实。汇报结果后者中标。这个故事告诉我们，充分、细节，反复的解释工作要比直接给一个"口号"来得更加好。

3.2.3 设计图纸综述

设计图纸结构包括：1. 总平面设计；2. 设计分析图内容；3. 主要景点分区放大平面图；4. 效果图内容；5. 场地附属设施——专项设计；6. 技术经济指标与投资估算。

1. 总平面设计

（1）含义与重要性

1）景观总平面设计的含义：总平面设计，是针对基地内建设项目的总体设计。总体设计依据为建设项目的使用功能要求和规划设计条件。规划设计条件指的是基地内外的现状条件和国家有关的建设法规基础。设计师人为地组织与安排场地中各个构成要素间合理联系的活动。

2）景观总平面设计的重要性：总体设计是景观方案设计中的重要组成部分，直接影响到下一层级的设计，不可缺失，对建设项目起着重要、关键性的控制、指导作用。缺少总图设计的项目必定会出现诸多问题，如缺失总图使得建设、管理部门协调效率低下，加长建设的周期。如确实总图，无法进行经济指标等计算工作。不可预见性成本增加，造成整体建设投资不确定；影响建成后的使用，甚至可能影响和谐，造成生命财产的损失（滑坡，没有全面的场地标高考虑；火灾逃生，没有全面的消防通道考虑；交通等问题）。因此，完整的总图设计，可以帮助设计师在项目方案阶段全面地考虑基地的问题。

3）景观总体设计的特点：① 综合复杂性，一份景观总体设计不仅仅是基地内所有景观的内容，还需要与其他

图3.2-5

专业如市政、建筑、给排水、电力等专业结合考虑，满足各专业的要求。② 客观唯一性，每一次的设计都具有挑战性，因为没有一块基地从内部条件与外部环境是完全相同的，具有不可复制性。③ 控制指导性，研究并确定基地内各建设子项基准条件和要求。④ 政策性、地方性、预见性。

（2）功能总平面设计的具体表达内容（图3.2-6 某小区景观总平，设计人：苏宇）

1）现状基地内所要保留的地形与物体，为地形图图例。

2）测量坐标网、坐标值（城市坐标网、绝对坐标网），我们通常使用的地形图如城市坐标网正确，应在原图位置进行设计。如需改变，可以在CAD中设置用户坐标系。明确场地道路红线、建筑控制线、用地红线等位置。红线与控制线确定了可设计的范围。

3）明确场地四邻原有道路和规划道路及绿化带的主

要坐标与尺寸定位；场地四邻主要建筑物、构筑物，地下建筑物等的位置、层数、名称以及建筑物的性质。

4）场地内建筑物轮廓及出入口、构筑物轮廓（人防工程、地下车库、油库、储水池等隐蔽工程，轮廓以虚线表示）、名称、层数、坐标或尺寸等，为道路的走向、功能区的放置起到指导作用。例如消防登高面的设置、地下车库顶板的受力范围、覆土的深度等。

5）道路，主要道路应该有道路中心线，道路形式方便快捷，弯道处理平缓；消防通道设置，绘制成虚线；有消防登高面的按照国家规范要求。

6）景观草案论证后平面图中放置相应的广场、景墙、运动场地、停车场等使用设施，比例、范围合宜。

7）设计有地形、高差变化的基地，或基地原生有高差的，在平面中要予以表现。（图3.2-7）等待讨论实用性与经济性。

8）种植设计总平面图，种植设计的范围，种植范围

图3.2-6

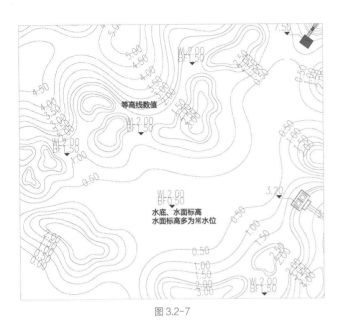
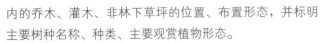

图 3.2-7

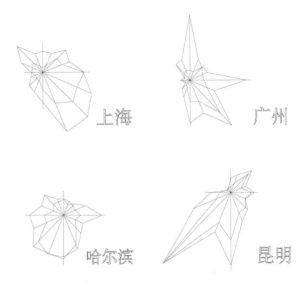

图 3.2-8

内的乔木、灌木、非林下草坪的位置、布置形态，并标明主要树种名称、种类、主要观赏植物形态。

9）指北针（风玫瑰）与比例尺。其中，风玫瑰是某一特定地区的风向与风频，同学们在查询后正确放置。（图3.2-8为主要城市风玫瑰图；CAD图纸见微信号本书资料第二章。方案总平中需要放置比例尺，作为估测尺寸的依据，比例尺应以米为单位。学会运用比例尺，一段代表实际5m的距离）

10）平面图中各类设计元素的标注与名称，如构筑物、道路、景点等。

11）主要技术经济指标表。

以上十一点是方案总平面中所要放置的基本内容，其明确了基地内外的关系，进一步探讨基地内的布局构成关系、投资内容，形成与甲方沟通的有效桥梁，是方案设计中最重要的部分。方案阶段，可以制作彩色平面效果图强调设计内容。（彩色平面图制作详见第三章）

2．设计分析图内容

设计分析图对于设计要有明确的理性内容，解释基地设计的原因。分析越细致，设计师思路越清晰，做出的设计越容易被甲方所接受。

（1）基地日照分析

以居住区为例，日照分析可以帮助设计师理性思考。预测出不同时期户外适于停留、运动的区域，植物的配置种类。

1）日照分析对于景观功能的指导：图3.2-9为天正

CAD制作大寒日与夏至日的日照分析图，例如建筑物的一侧需要设置儿童游戏场、老年人活动区、阳光花园等，依据日照分析，能够更加科学地将功能安排在适宜的基地位置，以延长人们希望的户外活动时间。

2）日照分析对于植物配置的指导：能够准确划分宅间景观基地中全阴区、半阴区、半阳区、全日照区的范围；针对不同的区域选取不同适应性的植物进行种植，在全阴区要选择耐阴的植物，如云杉、臭冷杉等，而油松、樟子松等强阳性树种则要种植在全阴区和半阴区以外，才能生长良好（设计时详见标准图集03J012-2）。准确分析园林设计场地中累计日平均辐射分布的程度。对累计日平均辐射大的地方多种植常绿的大乔木，在一年四季中都可以

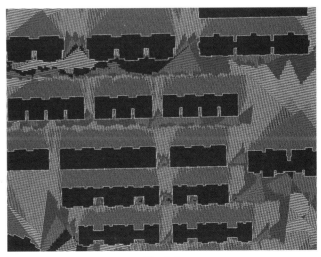

图 3.2-9

提供阳光的遮挡，而在累计日平均辐射较小的地方，种植落叶的乔木，既可以在夏季提供阳光的遮挡；提供阴凉的场地，在秋季随着叶子的凋落，冬季就不会对阳光产生较大的遮挡。

3）直接利用阳光进行造景，园林景物的阴影是和景物同时存在的，很好地利用光线的物理特性将对景物的营造产生意想不到的效果。如承德避暑山庄文津阁中的"日月同辉"景观就是较好的例证。

日照分析能够尊重基地立地条件作为景观设计的依据，一般来说在此依据之下合理安排设计内容不会产生太多的异议。

（2）基地微气候分析（图3.2-10 a、b、c）

与日照分析一样，取基地中适当的位置安排设计内容。如，风向的分析可以帮助合理安排水域，夏天的时候基地盛行风划过水面可以带来凉气，影响与之相对的休憩区。

（3）基地功能分析

有了以上的分析，就可以开始基地的功能分析。功能分析是较复杂的系统分析，是设计师对于场地的思索构架，并不是单纯几个区域的划分。（图3.2-11）在接下来第三节内容——重点设计流程解读中，会详细谈到功能分析的问题。

以下几点概述涵盖在功能分析当中：1）景观道路分析；2）景观布局分析；3）景观视点分析；4）基地竖向景观变化分析；5）景观植物配置分析（主要植物名称）。

1）景观道路分析：这里包括道路出入口，人行、车行或混合行走的分析；道路等级的分析，不同等级的道路所服务的功能分析；道路行进的形式分析；消防车道、消防登高面设置的分析。（部分见规范内容）（图3.2-12）

2）景观布局分析：景观节点与景观轴线形成的分析。（图3.2-13）

3）景观视点分析：运动中的视点与停驻时的视点分析。（图3.2-14）

4）基地竖向景观变化分析：基地中功能区中需要高差变化的分析，以及原始地形标高与设计微地形标高分析。如从草坪区域进入到活动区域是否需要抬高处理及设计的缘由；如微地形的竖向设计及缘由分析。

5）景观植物配置分析（主要植物名称）：① 植物的功能分析。在设计中需要植物具备哪种功能性？例如屏蔽冷风、围合空间、作为欣赏、吸引、提供引导等。（图3.2-15）② 植物的配置形式分析。围合空间的形式，自然式，规整；欣赏的形式，孤植、对植、形成背景或吸引与引导，多重绿化的分析等。（图3.2-16）

（4）基地形式分析（详见第三节基地形式构成内容）

3. 主要景点分区放大平面图

平面图局部放大的作用，是为了更加细致地展示设计

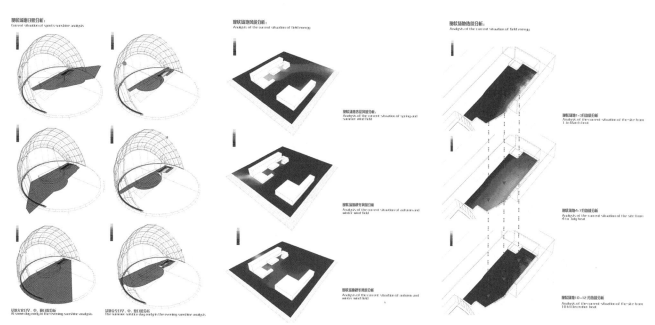

图3.2-10 a　　　　　　　　图3.2-10 b　　　　　　　　图3.2-10 c

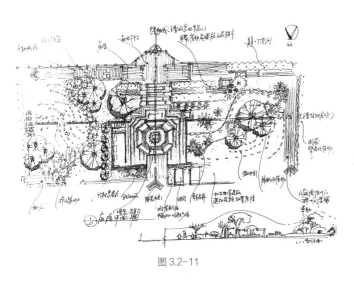

图 3.2-11

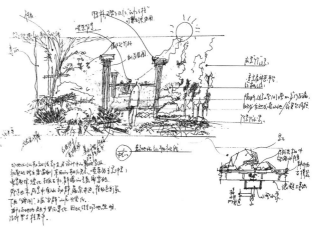

图 3.2-12

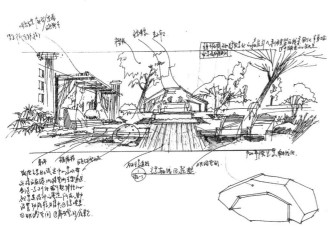

图 3.2-13

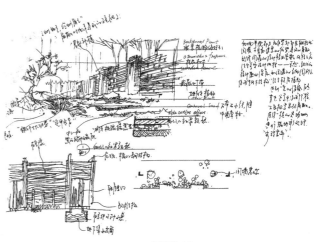

图 3.2-14

图 3.2-15

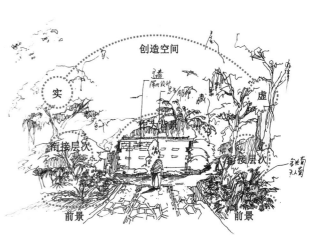

图 3.2-16

细节，将总平面上不能详尽表达的内容进一步说明。在实际操作时，需要做出合理的判定。

示例：

分区一内容：（1）分区一索引平面图。（图3.2-17）面积较大的基地中，分区平面图内容较总平面图标注、分析文字应更加详细。（2）分区中有明显高差变化的或有

图3.2-17

图 3.2-18　　　　　　　　　　图 3.2-19　　　　　　　　　　图 3.2-20

设计亮点的部分应做彩色立面图作为强调。（图 3.2-17）
（3）与分区相对应的效果图。（4）分区中有设计亮点的单体单独做平立剖分析，如新技术、新工艺、别具匠心的设计等，并配以示意图片。

接下来的分区二、三或更多，在此不一一赘述。同学们可以以示例为依据，进行分区设计的编排，扩充内容。

4. 效果图内容

效果图是通过图片等传媒手段来表达基地预期的效果。三维空间的建立能够帮助设计师从二维的平面思考中解放出来，讨论设计的宏观与细节，对于场地真实的表达与渲染。在方案设计中效果图仅是一种展示手段，一张逼真的效果图需要制作的成本。因此，在制作之前，设计师应该选择基地中必须要做效果图的设计内容进行制作，即通过看这张效果图能够解决什么样的问题。

（1）平、立、剖面效果图：通过彩色渲染与标注可以形象地说明问题。

（2）三维效果图：1）鸟瞰图，能够更加直观明确平面布局间的关系、周边场地的关系。（图 3.2-18）2）人视图，以人的视角观看整个场地，以解决元素的比例、实际搭配、材质等问题。（图 3.2-19）总之，不论使用怎样的手段，手绘或计算机虚拟，效果图的内容要做到言之有物，与预期成果要有必然的关联，尊重场地，详实地表达。

（3）有可能会犯的错误：图 3.2-20 中，拟建的别墅庭院，空间面积不大，但图中种植了大量比例失调的乔木，虽然立意上要表达绿意葱葱，但对建成的效果而言，意义不大，不如不做。

认真思索的效果图能够帮助设计师去思考，同样也能建立起与甲方交流的桥梁。

5. 场地附属设施——专项设计

专项设计主要对基地的景观设计提供建议性策略，多以示意图片组成。

（1）道路专项策略：1）门户通道形式与绿化形式；2）生活道路形式与绿化形式；3）休闲娱乐道路形式与绿化形式；4）公园和林荫道路形式与绿化形式；等等。（图 3.2-21）

（2）植物分项策略：不同功能区域内植物大致种类的示意，如公园绿地开阔的草坪、主体乐园等骨干树种、观赏树种的建议。

（3）构筑物专项策略：建议参考、放置的特色性构筑物，并配以示意图片。1）坡地；2）水域；3）公共系统设计，如指示牌、座椅、垃圾桶、无障碍设施等；4）景观小品，如雕塑、亭、廊等，以示意图方式编排等。

（4）基地边界专项策略：1）道路边界处理，如一级道路与二级道路边界的处理；2）水域边界处理，如驳岸设计的形式，提供示意图片等；3）功能区域边界处理，

广场铺地

小径铺地

庭院铺地

图 3.2-21

如从公共空间进入私密空间的策略。（图3.2-22）

　　（5）整体亮化专项策略：1）提供亮化平面图愿景；2）提供具体区域亮化框架；3）亮化灯具与技法，提供示意图片等。（图3.2-23）

　　6.技术经济指标与投资估算（图3.2-24）

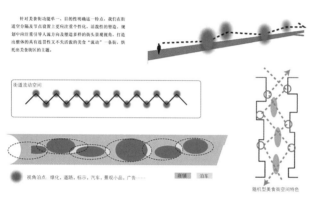

图3.2-22

图3.2-23

江西省萍乡市凤凰山庄五期景观工程技术经济指标						
序号	项目	子项	数量	单位	单价（元）	总价（万元）	备注
1	规划总用地		79421.86	m²			
2	总建筑面积		133865.33	m²			
3	建筑占地面积		8923.91				
4	架空层面面积		1724.92	m²	400/m²	69	
5	建筑密度		13.52%				
6	景观绿地面积		62933.98	m²			
7	绿地率		62.00%				
8	景观设计面积		64659				铺装加绿地加架空层加1/2道路面积
9		绿地面积	49300	m²	120/m²	591.6	
10		沥青道路	7000	m²			不计入工程量
11		场地	12473	m²	200/m²	249.46	包括园路
12	运动场地		1274	m²			
13		篮球场	2	个	120000/个	24	
14		羽毛球场	2	个	60000/个	12	
15		机动车生态停车场	900	m²	150/m²	13.5	60个
16	景观构筑物	木亭	1	个	45000/个	4.5	
17		廊架	3	个	60000/个	18	
18		特色景墙	45	m	2000/m	9	
19		种植墙与矮挡墙	801	m	300/m	24.03	
20		入口跌水瀑布	1	项	500000/组	50	
21		特色水景	2	项		70	
22	雕塑小品	主题雕塑	1	组	200000/组	20	
23		其他小型雕塑	4	组	15000/组	6	
24		点石组景	5	组	8000/组	4	
25		座凳	120	组	800/组	9.6	
26		指示牌	1	项		6	
27		垃圾桶	60	组	1000/组	6	
28	其他	照明设施 景观设计面积	64659	m²	30/m²	193	
29		土石方挖填	50000	m³	30/m²	150	
30		不可预见费用	以上乘以5%			76.48	
31		合计				1606.17	

备注：单位造价248元/m²

图3.2-24

　　（1）建筑场地总用地面积＿＿m²

　　（2）园林景观设计总面积＿＿m²

　　其中，种植总面积：＿＿m²，及占园林景观设计总面积＿＿%；

　　铺装总面积：＿＿m²，及占园林景观设计总面积＿＿%

　　景观建筑面积：＿＿m²，及占园林景观设计总面积＿＿%

　　水体总面积：＿＿m²，及占园林景观设计总面积＿＿%

　　方案文本深度解读小结：

　　方案是解决景观场地现实问题、合理安排功能区间的第一步，文本的深度则是设计师如何思考场地基本依据。本节仅对于方案文本结构及深度有一定的解读，是制作方案时必备的考虑内容，为方案设计提供了明确的制作目标与展开分析的可能，必须熟悉与掌握。关于重点部分的设计流程与方法，如具体的功能分析、形式构成等内容将在下一节分述。提供作用在于所提供的文本能够理性解决基地的问题，具有科学性与逻辑性。因此，在这个阶段，同学们应逐渐培养起分析、解决问题的能力。对于自身的设计的问题，要常常思考：解决的理由是否充分、合理，能否说服自己。只有经过一轮接一轮的反复"拷问"，设计内容才趋于丰满，方案文本才能言之有物，让甲方信服。上述的设计文本框架，具有一定的代表性，但并不适用于所有的景观项目，同学们可以根据不同情况予以增减，但对于方案中要做到的文本深度应熟练掌握。下面几节的内容，将分述文本框架中的功能分析与形式构成（平面、立体）中的内容，通过案例详细说明。

3.2.4 设计图纸分述

设计图纸分述包括内容：3.2.4.1 设计功能分析→3.2.4.2 总平面形式→3.2.4.3 空间形式。

3.2.4.1 设计功能分析

在熟读设计项目任务书（了解甲方与基地信息）后，就可以开始功能分析了。功能分析是基地设计初步的构思，是设计项目任务书内容的初次表达。正确的构思能够影响接下来的设计工作，使其细化有实际意义。对于没有项目任务书的私人项目，需要熟读会议记录文件，或通过信息化手段得到甲方的确切意见。

1. 功能分析的作用

（1）为设计师提供从场地本源层面上思考的平台；（2）确定场地合理的功能；（3）帮助设计的逻辑性深入与拓展。

（1）场地本源层面上的思考与现状问题：功能分析，应是对于所设计场地最为朴素的思索。在多年的实习、实训教学中，现状问题主要集中在形式与功能的逻辑倒置。如，同学们都会在最初接触场地方案时，不自觉将基地内的物体具象化，常常将精力关注在寻找可参照的具象图片上。而在制作流程中，疏于前期功能分析，止于形式的表现。如耐心描绘一组平面树，让它更加形象，却疏于对基地整体内在的思索，导致在项目实训方案提交中，面对自己的设计，很难结合场地，一步一步阐明自己的观点。大家制作的效果图，往往是用心制作，但是结合整体空间考虑，就很难了解设计的来龙去脉。一方面是由于经验不足，更重要的是没有很好地培养起良好的发现、分析及解决场地问题的能力与方法。那些视野局限的美景、具体的材质，

都并非凭空出现，单纯的形式同样也不可能解决基地的问题，而恰恰是宏观的、递进的、细致的功能分析才能渐渐拨开迷雾，让具象的形式慢慢显露。

（2）确定合理的功能：根据甲方提供的资料，将基地中所要具备的功能粗线条地构思出来，并反复讨论合理性，这时的功能区很可能只是一组抽象的圈、符号与一些必要的说明文字（图 3.2-25 a、b、c）。在此阶段所做的正确决定，将对接下来的设计有着相当重要的指导作用。

（3）有利于设计的深入与拓展：每一块基地都有它的特殊性，不可复制。一气呵成的设计屈指可数。所以从正确的功能入手，深入与拓展可以得到良好的效果，可以使同学们的深入阶段变得有趣。如果没有解决最初的问题，进程就会停滞，带来痛苦，甚至出现翻案重来的情况。

2. 功能分析的内容、要素、辅助分析方法

（1）功能分析内容：1）基础资料的分析；2）景观功能布局分析；4）景观道路设计分析；5）景观视景设计分析；6）基地景观竖向变化设计分析；7）景观植物配置设计分析等。

（2）功能分析具体要素：1）大小，空间大小与元素大小；2）位置；3）比例；4）轮廓配置；5）内部划分；6）边界；7）流线；8）视线；9）聚焦点；10）竖向变化。

（3）辅助分析方法：反推法、草图法、辅助软件应用法。

3. 功能分析的准备

明确了功能分析的作用，在开始进行功能分析之前我们要做一些准备工作。

（1）一份整理好的设计项目基础资料；

（2）一份打印好的基地图纸作为底图（根据基地的

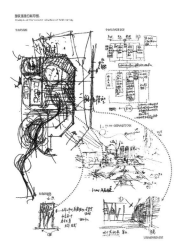

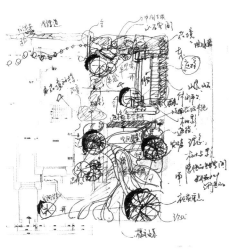

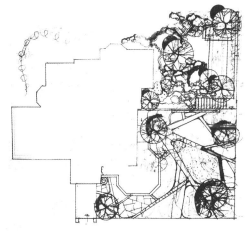

图 3.2-25 a   图 3.2-25 b   图 3.2-25 c

面积选择打印纸张的尺寸，一份上百亩的基地图纸打印在A4纸上显然是不契合的）；

（3）描图纸，好处是每一层级的分析都能够清晰分辨，修改方便；

（4）一份景观常用尺寸表格。

4. 案例分析

案例一：无锡春兴苑居住小区景观方案设计功能分析（提供单位：上海甘草景观规划设计事务所；项目负责人：苏宇）

功能分析内容：

（1）设计依据及基础资料（节选重点部分）

1）项目设计任务书定位以人为本，景观功能区域配置合理，合理运用水元素造景，有江南韵味。空间上注意营造别墅区域"大隐隐于市"的气氛。恰当设计景观构筑物、配置小品等，以提升小区景观档次。2）设计风格为"海派"景观风格。3）主要技术经济指标。4）《城市居住区规划设计规范》。

（2）前期资料整理与分析

1）基地日照分析：如图3.2-26可以看出四块主要的景观绿地虽然都在高层建筑之间，但是日照间距大，日照充足，有良好的景观立地条件，可以创建良好的围合景观，并在强日照的地点预设遮阳措施。应在功能分析中给予图解。

2）基地微气候分析：如图3.2-27可以看出基地整体受西南季风、西北季风影响。在功能分析时应提供解决方案。

3）基地原始图纸判读，此图纸是一份以建筑规划"牵头"的原始基地图纸，注意图纸中的建筑已确定，不可以更改。

图3.2-27

① 基地与周边信息：周边环境，南边道路根据规范判定为城市主干道，与小区之间有近60m的绿化控制带隔离，声噪污染小，不做景观隔离考虑。其余各边支路沟通周边小区，如图3.2-28，功能分析图中标注出周边小区出入口位置；强化道路红线位置，设计内容不应出现在道路红线内；强化用地红线，设计内容应在用地红线内；基地周边高程与基地内对接平缓，不作考虑。

② 原基地内信息：接上图有几个方面的内容需要分析。

A. 景观立地条件分析：观察基地现状，小区整体无中心集中绿化，景观层级明确，在销售时将主推别墅。周边高层住宅间有景观组团的可能性，需要探讨功能结构。

B. 建筑分析：观察小区内部建筑层高标注，住宅建筑外高内低排布，形成围合趋势。外围建筑北边为高层（18层）、西边为超高层住宅（25层），内部为别墅类建筑（3层）。建筑为现代风格，图3.2-29为建筑外立面。

C. 小区内部各出入口位置分析：以此作为景观分级处理依据。其中，东边道路连接主干道，有集散等服务功能，车流量较其他方向道路大，人流量大，因此东出口将作为

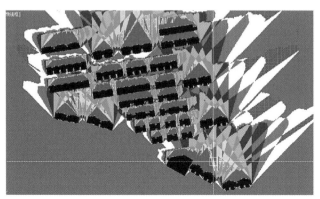

图3.2-26

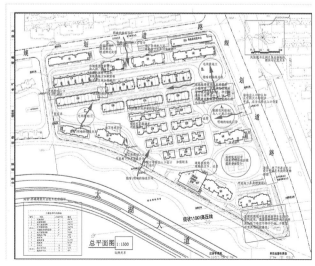

图3.2-28

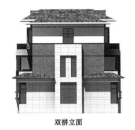

双拼立面　　　　　　　　6+1立面　　　　　　　　独栋别墅立面

图 3.2-29

景观形象出口，并禁止人车混行。其余出入口，小区西边出入口主要服务于别墅区，别墅区内可通车，以便沟通别墅区内各住宅类型，入口空间将结合场地竖向，应对别墅区域的"大隐隐于市"概念合理设计。出入口处的门卫亭位置需要斟酌。南边出入口紧邻城市绿地，绿意效果佳，应结合外部环境延伸处理该入口。

D. 小区内部道路分析：小区道路环形沟通，且具有多个出入口满足规范要求。原基地道路宽度为4m，道路依据消防车道限制宽度初步进行了设计。经过分析，现状设计道路双向会车较为困难，道路分级并不明确，建议依据道路等级增加宽车行道；原基地别墅区域，岛状场地过分闭合，与外界沟通不便，应局部打开进入别墅区的人行通道；另外，后期设计考虑放置隔离设施或使用地形隔离出入人行、车行。

E. 停车场：场地地面停车场选址较为合理，原因在于现状空间上空为高压线走廊，不宜安排景观绿地、休憩内容等。但是，建筑专业排布的停车场仅满足功能，需要景观专业重新编排，根据指标别墅区域内停车场部分车位需要增减。

F. 基地内水域：原基地内水域开合处理需要调整，别墅区域内划分成的三个小岛，需要考虑设计驳岸类型，整理水域轮廓，增加停歇空间。

G. 原基地内消防车道：消防车道在小区景观规划阶段已报批完成，现状消防车道设计能够满足功能性，但美观性欠缺，需要重新设计。（消防规划详见第二章第二节）

H. 其他设施：原基地内的其余公共设施，如人防工程、采光井、地下建筑范围轮廓线、配电房、垃圾房等应一并加以标识。

基地前期分析的所有内容在功能分析图纸上要有所体现。如果内容过多造成重叠的，不能重复使用描图纸，应分层叠加解决。

以上分析内容在功能分析图中要有所标注。

（3）景观布局设计分析

1）设置景观功能节点：观察原基地可知，随着建筑的定位，自然形成了四块独立的绿地空间，主要服务于基地外层的高层、超高层住宅，增加绿地率，因此四块独立的绿地都应为景观节点，论证需要安排的功能性内容。如儿童游乐区、老年人活动区、游览区、运动区等功能区块，精心设计，在功能分析中标识、研究；另外，基地中，服务于9#与10#楼的绿地空间较少，可以结合北面水域打造动静不同的景观效果，无形之间也可以提升小区的附加值，同时，考虑别墅区的隐蔽性处理。

2）景观轴线关系的分析：将需要景观轴线关系的形成因素找出，并做出验证。从原基地整体条件来看，缺少贯穿性景观主轴或次轴的可能。根据前期分析发现，需要景观展示的主出入口位置可以加入轴线关系设计。因为"海派"风格是一个融汇东西的中式风格体系，虽然可以以随意的线条为主，显山露水，但是也不排斥轴线关系，有待方案制作完成后的论证。不妨在构思阶段多做几份草图分析其可操作性。另外，南北两处出入口也有可利用的轴线关系，将可能性在分析图中标示。西边的出入口根据前期分析，主要以掩藏为主，不宜安排穿透性的轴线关系。将以上分析内容，加入到功能分析图中。

（4）景观道路设计分析（图3.2-30）

1）道路的分级：与城市道路系统相仿，小区内运用道路也要分级，以求得连接相应功能区域的多样性，形成一定的秩序。一般可分为小区级道路、组团级道路、宅间小路。简单点来理解，小区级道路一般需要快速通达，可通机动车，道路不仅要满足一定的尺度与耐压性能，而且要有满足快速通行的环境特征；组团级道路人群目的性相对较强，人流开始集散，景观特点开始呈现；宅间小路是连接各住宅入口的道路，考虑步行，加强景

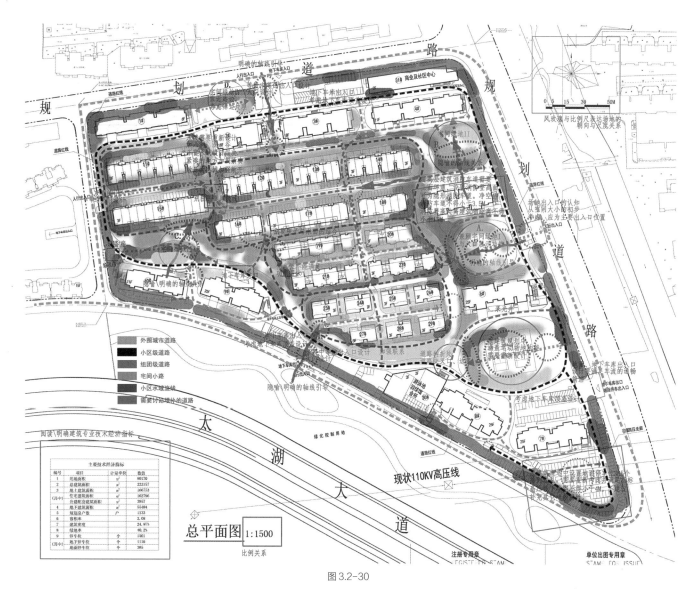

主要技术经济指标			
编号	项目	计量单位	数值
1	用地面积	m²	80170
2	总建筑面积	m²	222157
3	地上建筑面积	m²	166753
	住宅建筑面积	m²	162796
(其中)	公建配套建筑面积	m²	3957
	地下建筑面积	m²	55494
4	规划总户数	户	1233
5	容积率		2.08
6	建筑密度	%	24.97%
7	绿地率	%	40.2%
8	停车总数	个	1501
(其中)	地下停车位	个	1116
	地面停车位	个	385

总平面图 1:1500

图 3.2-30

观特征。按照规范要求，将各等级道路用不同颜色标注在基地功能分析图中，为接下来进入边界设计可能性方式提供依据。

2）道路的形式：进行道路的分级，并对应分级，设计道路的形式。

3）消防通道与消防登高面（具体规定详见第四章景观设计规范）：基地规划层级已经解决了消防通道的设置，但未对其形式进行明确。本基地中的高层建筑间绿地是景观节点功能所在，应将消防通道划归到景观中，进行"隐形"处理，以提升景观性。

（5）景观视景设计分析

1）基地的视景分析从宏观的层面入手，在这个层面，其实不用去深究任务书也能够得出相应的视景结论。在人

视范围内，必须要将别墅区与围合高层进行视景分离。在分析图中将视景分离，粗略勾勒视景空间，接下来将需要隔离的视觉标注出来，提醒自己在后期需要处理，期间勾勒草图配合。（图 3.2-31 a、b）

2）粗略勾勒完成后开始进行各个景观节点内部视景的处理。以 A 处节点为例，（图 3.2-32）依据上述分析，考虑景观轴线，具有示范性。这时就可以进入到微观层面解决视景问题。需要注意的是，在这个阶段依然不能描绘具体的形式，仅仅模糊勾勒出视景的层次关系，以供随时进行修改。

（6）基地景观竖向变化设计

根据前面分析结论得知，基地内外竖向均为平缓。在此项目思考过程中根据各区域景观竖向预想，将此信息加

图 3.2-31 a、b

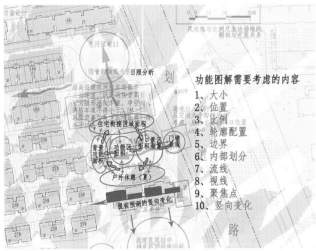

图 3.2-32

入前期分析中，讨论、说明存在的实际可行性以及原因。

（7）景观植物配置设计分析（略）

详见功能分析元素。

功能分析具体要素：

第一阶段完成后，拷贝纸上大致的景观内容、关系已经开始确立，是对于整体功能内容的分析，一定要反复进行论证。同学们可以与实训项目负责人探讨可行性，也可以向有经验的设计师前辈求得帮助，确定下正确的方向。接下来就可以对基地已确定下的功能进行更为细致的功能分析。（此阶段依然以探讨功能为主，不应出现具体的形式）

（1）功能分析具体要素的组成：1）大小（空间大小与元素大小）；2）位置；3）轮廓；4）内部划分；5）过渡边界；6）流线；7）视线；8）聚焦点；9）竖向变化。

以功能节点 A 区为例，（图 3.2-33 分区平面）满足功能类型：入口景观展示区，休憩。

1）大小——尺度观念：在勾勒具体要素前，需要建立起景观常用尺寸数据库（参照施工图流程中常用尺寸表），如果这些常见元素尺寸没有做到心中有数，就算勾勒出来具体要素，接下来的设计工作也是毫无意义的。这也是同学们在最初工作中出现的主要问题之一。

从错误案例了解"大小"的含义：图 3.2-34 是一张已经制作好的彩色平面图，有形式，有简单的分区，轴线贯穿基地、均衡构图，映入眼帘的几个巨大的几何形成画

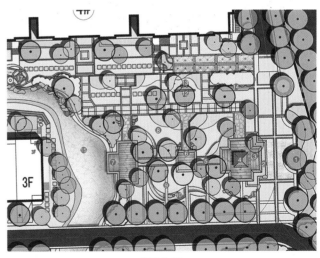

图 3.2-33

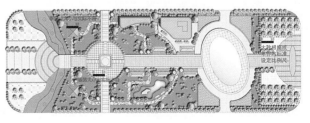

图 3.2-34

面的主体，总的来说是依据了设计原则进行设计。但是，这却是一份需要"从头再来"的方案，问题较为突出。就以具体要素中的第一点"大小"作为本图的分析点。这张图在完成第一阶段功能分析后，头脑中并没有建立数据库信息，就开始接下来的工作，是导致实训方案阶段问题积重难返的原因之一。图中没有比例尺信息，只能按照经验以道路中的行道树作为参考依据，由于植物需要成长时间，在方案中的行道树正投影应为成年蓬径，为5m，以此作为标尺，就不难看出平面图出现了很大的问题。例如，经过比对景观亭得知，平面尺寸大致为10m×10m。有趣的地方是该用多高的亭下空间与多大的亭顶才能平衡外在的形式呢？图3.2-35显然是极其错误的安排，也不具备美感。再试着比对广场上的铺装，有着同样的问题，一块广场砖尺寸为2m×2m，确实可以按照自身的想法进行设计，但这种尺寸的砖头在实际中不具备操作性。图3.2-36同样

也是存在此问题，巨大的几何形、莫名其妙的树阵广场。根据以上的例子可以发现，如果一张方案图纸没有考虑元素的大小尺度，最终的结果就如图面一样，摆完了几何形与亭子，发现基地已经差不多占满了，看来设计也就此完成了。这就丧失设计原本的初衷，辛辛苦苦忙半天，却与实际效果相差甚远。

正确的做法是，在第一阶段结束后，在打印的图纸上设置尺寸依据点，可以是一棵成年行道树的正投影尺寸，也可以在CAD中直接做出比例尺（图3.2-37）打印出来作为比对的依据。在这个基础上讨论A分区才有了实际意义。在基地底图附上新的拷贝纸开始制作本阶段的内容。首先，需要注意的是，A分区周边环境为超高层住宅，空间的设置要给消防通道留有余地，先把硬性指标定下来。接下来，根据项目任务书的要求，找寻合理的位置，用极为概括的椭圆形先勾勒出A区轴线区域大小，并用比例尺对照。接下来考虑放置轴线中元素的大小以满足休憩的功能，可以参照景观常用尺寸表把想要安排的元素在图纸旁列举出来，并讨论放置的合理性、必要性。（图3.2-38）

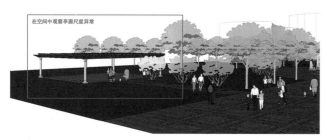

图 3.2-35

图 3.2-36

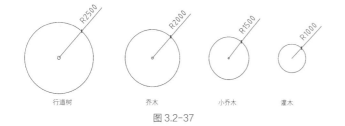

图 3.2-37

景观设计常用尺寸 仅供各位参考 具体设计可做适当修改：

1.步行适宜距离：　L=500.0m
2.负重行走距离：　L=300.0m
3.正常目视距离：　L<100.0m
4.观枝形：　　　　L< 30.0m
5.赏花：　　　　　L=9.0m
6.心理安全距离：　L=3.0m
7.谈话距离：　　　L>0.70m

居住区道路：W>20.0m；小区路：W=6.0~9.0m；

组团路：W=3.0~5.0m；宅间小路：W>2.50m；园路、人行道、坡道宽：W=1.20m，轮椅通过：W≥1.50m，轮椅交错：　W≥1.80m。尽端式道路的长度：L<120.0m,尽端回车场：S>12.0m x 12.0m

楼梯踏步：室内：H < 0.15m，W > 0.26m；室外：H=0.12~0.16m，W=0.30m~0.35m；

可坐踏步：H=0.20~0.35m，W=0.40~0.60m。台阶长度超过3米或需改变攀登方向的地方，应在中间设置休息平台：W≤1.20m。

居住区道路最大纵坡：i<8%；园路最大纵坡：i<4%；

自行车专用道路最大纵坡：i<5%；轮椅坡道一般：i=6%；i<8.5%；人行道纵坡：i<2.5%。

无障碍坡道高度和水平长度：坡度：1：20 1：16 1：12 1：10 1：8最大高度（m）：1.50 1.00 0.75 0.60 0.35平长度（m）：30.00 16.00 9.00 6.00 2.80

室外座椅（具）：H=0.38~0.40m，W=0.40~0.45m；单人椅：L=0.60m左右，双人椅：L=1.20m左右，三人椅：L=1.80m左右，靠背倾角：100-110°为宜。

扶手：H=0.90m　（室外踏步级数超过了3级时）残障人轮椅使用扶手：H=0.68m\0.85m栅栏竖杆间距：W=1.10m。

路缘石：H=0.10~0.15m。

水箅格栅：W=0.25~0.30m。

车档：H=0.70m　间距：0.60m。

墙柱间距：3-4m；一般近岸处水宜浅（0.40~0.60m），面底坡缓（1／3~1／5）；

一般园林柱子灯高3-5m；

树池铸铁盖板：有1.2、1.5m规格大小和圆、方外型；

低栏杆：H=0.2~0.3m；中栏杆：H=0.8~0.9m；高栏杆：H=1.1~1.3m。

亭：H=2.40~3.00m，W=2.40~3.60m，立柱间距=3.00m左右。

廊：H=2.20~2.50m，W=1.80~2.50m。

棚架：H=2.20~2.50m，W=2.50~4.00m，L=5.00~10.00m。立柱间距：2.40~2.70m。柱距：纵列间距=4-6m，横列间距=6-8m。

机动车停车车位指标大于50个时，出入口不得少于2个；

机动车停车车位指标大于500个时，出入口不得少于3个；出入口之间净距须大于10m，出入口宽度不得少于7m，服务半径<150.0m

图 3.2-38

2）位置：了解了元素的大小，接下来就要经营位置安排。① 功能区内各功能元素间的合理联系与摆放；② 可获得的空间；③ 立地条件是经营功能元素相对位置的方法。

位置的理论看似简单，实际其实也是如此。接下来运用反推的方法，看一个室外的案例，之后进入到本基地位置的讨论中。如图 3.2-39 是某小区的平面图。关于元素的大小，本图不再提及。就元素的位置来说，图中西边的宅间小道，运用经营相对位置的方法进行反推，还原原图的功能分析：是否应该设置呢？没有这条路是否会影响宅间交通？考虑过后，就应该知道这条小路位置的排布是有

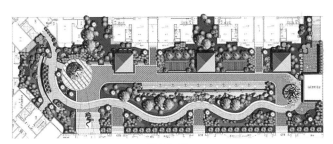

图 3.2-39

图 3.2-40

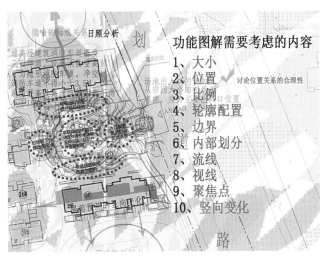

图 3.2-41

问题的。原因在于重复行走路径，同时被一侧景观隔离出的规整弧线道路其实并不具备观赏性。再注意一下中间位置，一连串的水景加喷水景墙、亭、道路，这些功能元素的位置是否合理？视距是否正确？解决了什么样的功能？是否有良好的观赏作用呢？

面对这些问题，运用反推法分析可以得出，面积较大的组团式绿地原本可以解决周边住宅人群游览、休憩、运动等功能。但是，以上的元素放置，亭的位置造成了建筑一层光照不良，弯曲的道路造成组团绿地支离破碎。（计算机辅助立体鸟瞰图 3.2-40）

正确的做法是，将第一点已经考虑好的功能元素按大致尺寸逐个放入，之后讨论元素之间的功能关系、可获得的空间、立地条件。基地中的 A 区节点为入口展示区域，既要满足宅间的休憩也要有展示的功能，那么它们之间的位置安排就要有先后、主次的关系。如图 3.2-41，将水景安排在前起到展示作用；休憩空间安排在后，满足宅间的休憩。

3）轮廓：前面两点完成后，开始考虑另一个分析要素——轮廓。

A. 简单轮廓，指的是室外空间的相对长宽关系。不同的空间比例影响不同的功能。等比例的空间具有向心性，常常形成围合的空间更加容易达到集聚的可能。人们通常愿意在这样等比例的围合环境中互相望着对方，凝神交谈。（图 3.2-42）不等比例空间主要起着通行的功能，不适于作为交谈空间。园路中放置的休息坐凳，一般来说要面向

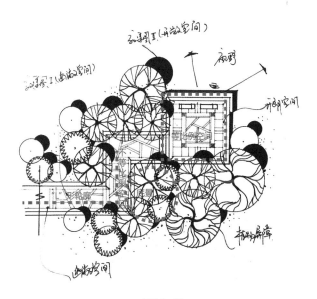

图 3.2-42

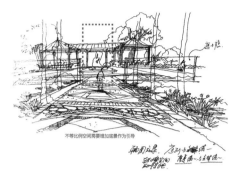

图 3.2-43

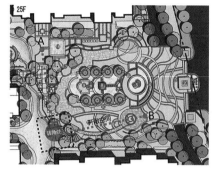

图 3.2-44

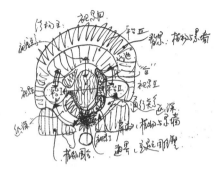

图 3.2-45

一处可欣赏的视景。如图 3.2-43，不等比例空间也有其特别的功能属性，具有强有力的引导的作用。如苏州留园中狭长的廊道，就是利用了不等比例的功能属性，既完成了通行，也起到了引导作用，创造出了多种引导方式如框景、透景等。根据空间比例的特性，将其考虑进本基地功能分析，可以明确所画轮廓的相对长宽比例，通行还是集聚，一目了然。

B. 复杂性轮廓：在变化丰富的设计中，还有一种轮廓形式是复杂性轮廓。图 3.2-44 中 B 点的 L 形属于这种轮廓类型。L 形轮廓的特点是可以形成一个有趣的空间分离效果。如本项目中 a、b 两点所处的空间类型是迥异的，a 处为封闭的环境，b 处为开敞的环境，从 a 处走向 b 处必然会形成不同的视觉效果。注意，在出现 L 形轮廓时，转角处是 a、b 两点共同的视焦点，需认真考虑。

4）内部划分：内部划分是元素位置的扩展。位置指的是单一元素的排布，内部划分是对较大的功能区域内部划分成若干个子空间。（图 3.2-45）

5）过渡边界：前四点考虑了元素的尺度，安排了功能元素、空间轮廓、合理的位置，接下来就要开始考虑功能的边界。各个功能区之间的相交点就是边界所在，详细思考后的边界不仅可以有效地分离功能区域，也能让景观整体呈现出丰富性、多重多样性。

过渡边界分为视觉边界与行走边界两种。视觉边界指的是在行走过程中视线能够穿越到的最底边界方式，进出边界指的是进入另一个功能区域的办法。两者相结合统称过渡边界。过渡边界的通行处理方式分为：① 直接穿越；② 间接穿越。过渡边界使用的元素：① 铺装；② 植物；③ 地形；④ 建筑构筑物；⑤ 墙体等。图 3.2-46 中 a 点过渡处理方式，行走直接穿越，常在需要快速通行中使用，常见元素为植物、铺装。B 点过渡方式，间接穿越，常在需要慢速通行中使用，常见构成元素为设计精良的景墙与台阶。另一种是过渡边界的视觉处理方式，分为：① 透明穿越；② 半透明穿越；③ 不可穿越三种。图 3.2-46 中 c、d、e 点中 c 点视线穿越方式，视线透明穿越，常见元素可以是一段完整视景空间及另一空间边界。d 点视线穿越方式，半透明穿越，常见元素为开"窗洞"的景墙、栅

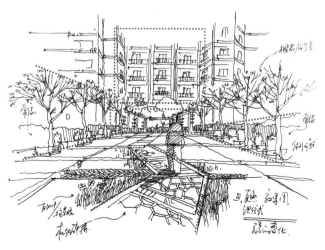

图 3.2-46

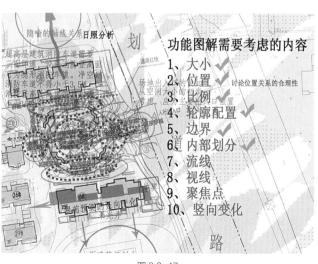

图 3.2-47

栏等。与通行边界不同的是，视线在此可以穿越，但是边界不能通行，常见于对空间的引导、隔离不良视景等。e点视线穿越方式，不可穿越。综上所述，"极目所至，俗则屏之，佳则收之，不分町疃，尽为烟景，斯所谓巧而得体者也。"——《园治注译》

依据过渡边界的方法，将适于基地的通行边界与视线边界做详细考虑，并在基地分析图上标识出来。（图3.2-47）

6）流线分析、7）视线分析、8）聚焦点：

功能分析还需考虑流线、视线、聚焦点等内容。要讨论流线就要将视线和聚焦点结合起来考虑，并联系第二章第一节内容进行理解。

流线分析：分为主要通行流线与次要通行流线，前文也已经提及。不同等级的空间对流线等级诉求也不尽相同，流线的等级与形式可以辅助人们标识功能区域。安排流线的方式，又触及视线的安排（全景、远景、聚焦点）（参见前一节"韵律"），是一个综合性考虑的问题。图3.2-48

中可以看出流线的等级。主要流线A，沟通了整个场地。次要流线B沟通宅间景园，上接A。A、B服务不同的功能，流线的通行方式也不同。在流线引导下的视线，主要道路除了入口区域有全景视线与聚焦点外，能够获得的视线仅仅是远景，原因在于要有清晰的流通方向。而流线B则获得了更多的视线形式（全景、远景、聚焦点）。结合过渡边界，自然地将空间分离，行使各自的"职责"。（图3.2-49为效果图）

视线分析：视线的分析与流线分析是并列出现的。因此，需要注意的是流线一动，视线就得跟着动。视线一动，功能区中的元素也得跟着动。视线分类为全景、远景与焦点视线（静态图面中远景可理解成背景，焦点可理解成中景，参见前一节"统一"）。常见构成元素：① 植物；② 雕塑；③ 地形；④ 构筑物；⑤ 墙体等。基地中需要视线分析的关键点位。① 主出入口；② 景观节点（功能区域）的出入口；③ 各类建筑出入口、门窗位置；④ 长时间停留休憩的场所；⑤ 具有引导功能的标志物；⑥ 提升价值的景观元素；⑦ 人流集散处；⑧ 需要屏蔽的。（图3.2-50 a、b、c、d、e、f、g）a为某公园主出入口，需要展示入

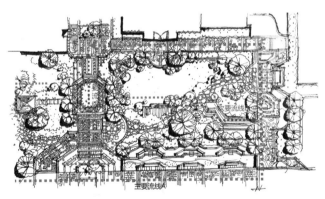

图 3.2-48

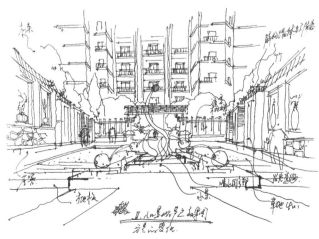

图 3.2-49

图 3.2-50 a、b、c、d、e、f、g

口形象，是视线分析后的细化设计。图 b 为公园景观节点出入口，是视线分析后的细化设计（理由同上）。c 为小区住宅建筑物出入口，是视线分析后的细化设计，因为建筑物出入口是人流交汇点，位置特殊。d 为景观节点亭台休憩处。e 为山体上的多景楼，在爬山过程中时隐时现，具有引导作用，是视线分析后的细化设计。f 为小区入口的两棵沙朴，是视线分析后的细化设计，理由是将提升价值的元素尽量显露出来。g 为南京火车站出站平台，面对玄武湖，是视线分析后的细化设计，理由是集散区域需要广阔的视距。h 为小区中的人防出入口，设计成景观建筑，统一在整体景观中，是视线分析后的细化设计，理由是屏蔽不良视线。

综上所述，理解后，将流线、视线、聚焦点一并考虑进本基地的功能分析中。如图 3.2-51 所示。

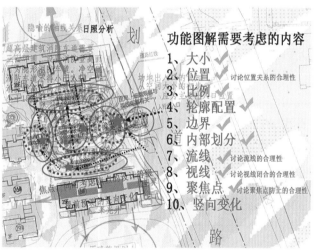

图 3.2-51

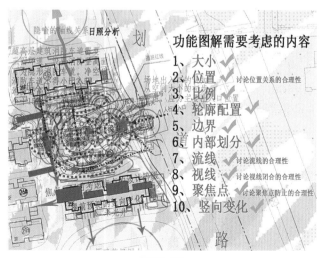

图 3.2-52

9）竖向变化分析：经过以上八点内容的分析（图 3.2-52）基地在平面中的框架和内容已经趋于丰满。接下来就该分析基地中所有元素的竖向变化，即三维空间。竖向变化的因素：① 地形标高；② 景观构筑物的标高。竖向变化分析：① 检查地形间的标高是否连接顺畅。如地形不能自然连接，或超过规定坡度应设置踏步或重新分析设计。② 了解各景观筑物的标高尺寸、设计尺寸（见第三节），在竖向上有明显变化的基地，应该做立面设计。综上所述，理解后，竖向变化配上电脑虚拟的图像（草图也可以）一并考虑进本基地的功能分析中。

辅助分析方法：

功能分析的辅助方法有四点：（1）反推法；（2）预想法；（3）草图法；（4）计算机辅助。这四种方法是对拟建基地景观的逆向推想，可以发生在分析中，也可以是在完整分析后。刚刚进入景观行业的同学们和初学者大都没有实际经验的积累，可以选择运用辅助方法。关键在于可以使得你的功能分析更加趋于形象，更值得去"推敲"，直到找不出其他的有效方式去取代前者的分析。

（1）反推法：反推法不仅可以通过自我否定的方式推敲基地，在学习经典项目时也是相当有效果的方法。在基地"大小、位置"的分析中也引入了反推法评判了一些反面案例，使得问题能够快速显露出来。

（2）预想法：一块分析细致的景观基地甚至可以用极具画面感的语言描述出来，站在一个未来观的态度去预想场地，即如果按照基地分析发展下去，使用者眼中将会产生怎样流动的画面。如果将其与电影类比，那么"剧本"就是项目任务书，"主人公"是使用者，导演自然就是设计师。预想法有着实用性意义。

这里引用清代程羽文《清闲供·小蓬莱》中主人公游览理想庭院空间叙事性描述，供大家揣摩："门内有径，径欲曲。径转有屏，屏欲小。屏进有阶，阶欲平。阶畔有花，花欲鲜。花外有墙，墙欲低。墙内有松，松欲古。松底有石，石欲怪。石面有亭，亭欲朴。亭后有竹，竹欲滴。竹尽有室，室欲幽。室旁有路，路欲分。路合有桥，桥欲危。桥边有树，树欲高。树荫有草，草欲青。草上有渠，渠欲细。渠引有泉，泉欲瀑。泉去有山，山欲深。山下有屋，屋欲方。屋角有囿，囿欲宽。囿中有鹤，鹤欲舞。鹤报有客，客欲不俗。客至有酒，酒欲不却。酒行有醉，醉欲不归。"应用预想法，相信能够帮助同学们更好地理解基地功能分析。（图 3.2-53）

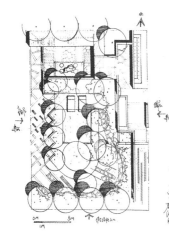

图3.2-53

（3）草图法：辅助分析的方法中，手绘草图也是不可或缺的，快速展示基地三维空间的方法。需要同学们明确的是，分析阶段的三维草图不能和效果图混为一谈。在分析阶段，整个基地处在混沌的阶段，草图越精细思考就越狭窄，只需画出大概的空间感觉即可，配上说明文字。

（4）计算机辅助：三维设计软件是很好的辅助方法，用于快速搭建三维场景，推敲尺度感，如操作简单的草图大师等软件。另外，也可以借助景观建筑师应用软件（APP），只要下载进手机、平板电脑就能实现分析工作，特别适合在原基地的踏勘时使用。随着大数据时代的来临，设计表现会变得越来越简单，包括设计、分析。应尽快地适应数据化时代节奏，熟悉、操作应用软件。如：Morpholio Trace（图3.2-54）为本基地分析图中的手绘草图，起到帮助设计师建立三维思考的框架的作用。

功能分析（续）：为了帮助同学们在课后与工作之余更有效地搜集资料、学习资料，进而熟悉功能分析的绘制。接下来我们试着运用本小节所探讨的内容，试着运用方法分析以下景观案例，将其反推回基地最原始的阶段——功能分析阶段。

基础案例一：某小区景观设计平面图（图3.2-55）

基础案例二：某公园景观设计（图3.2-56）

功能分析小结：

本节运用大量的篇幅"赘述"了功能分析，将功能分析细化，以显示其在景观设计过程中的重要性。这里谈几个问题。

1. 平时景观实习、实训的作业，将会产生种种问题。例如：① 拿到基地图无法入手，不研究设计项目任务书，对功能缺乏普遍的常识；② 堆满设计元素，还未将基地搞清楚，就将亭、廊、水面、植物等，统统扔进基地内；③ 基本尺度感的缺乏，基地的面积越大，"元素"就越大；④ 慌忙在网络查找参考图片，最后将所看图片拼凑进基地内，设计的第一步就匆忙陷入形式感的"桎梏"。综述以上的问题，缺乏宏观考虑是同学们的常态。

2. 为何要在实习、实训阶段不厌其烦地强调分析的重要性呢？在景观设计流程中是一前一后的逻辑关系，当然重要。不过还有一个实际问题。同学们在真正踏入景观行业后，工作中鲜让"新人"去做整体方案，因此，日常工作基本是完成基地微观设计的工作。如设计单体构筑物、填彩色平面图等，这些工作将会占满工作日程。这些看似细节的工作，如果之前没有培养好自身基本的功能分析基础，就会缺少对于基地设计的宏观把控，一方面难以符合设计要求，一方面容易将你的思维禁锢在狭小空间内。也许会在细节工作中兜兜转转很多年也摸不着门路，对有着职业诉求、经济诉求的同学将会造成一定的障碍。

3. 商业团体，没有义务去提醒、引导，因此，功能分析虽然内容庞杂，考虑细节众多，需要具备一定领悟力，

图3.2-54

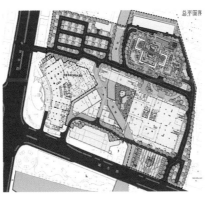

图3.2-55

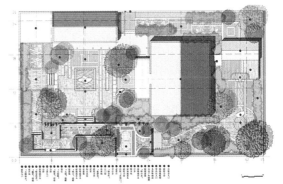

图3.2-56

但也仍要把学习的大部分精力放在此处，踏实地去做研究。保持究其本质的思考，才能更好地为景观形式指引方向，景观职业生涯才更加"有迹可循"。

下一节回顾的是设计流程中形式构成的内容，是在功能分析基础上的具体化、形象化、合理化的工作，通过对功能分析中所分隔出的软质（植物、草地等）、硬质空间（可使用的空间）做进一步的细化，与元素间的有形联系。

功能分析作业

1. 作业一内容与要求：优秀景观作品"反推法"训练。成果参见功能分析（续）。按照步骤逐一分析。文字内容翔实，理据充分，图示、图标正确。（例图见微信号本书资料）

2. 作业二内容与要求：根据项目任务书，完成基地功能分析图（基地图纸见微信号本书资料"练习"文件夹）。要求同上。

3.2.4.2 总平面形式

概述：

形式构成，对于同学们而言，并不陌生，是艺术专业基础课程，包括了平面构成、空间构成、色彩构成，统称"三大构成"。在实际设计过程中三者是一并考虑进基地的。本节着重回顾的是景观基地的平面构成与空间构成，与前者的区别是更具备专业特点，形式的设计具有操作实用性；与前者相同的是都需要用到美学法则作为依据。（见第一节美学依据）

本节中，平面构成与空间构成的内容将分开回顾。之后，把内容带入到功能分析图中，继续深入基地，完成形式构成这一步。

基地平面构成与内容：有了详细的功能分析后，就要开始将这些看似模糊的图形具体化，这个过程好似将蒙在镜头前的灰尘清理掉一样自然，显露出现实基地的模样。现实基地中的平面构成，如图3.2-57 a、b、c，这些都是同学们平时不太注意的场景，只要站在高楼上往下俯视就可以发现。平面构成的内容包括：（1）平面形式构成的前提条件；（2）形式的几何特性；（3）形式的限制；（4）符合功能的形式融合；（5）平面构成中的铺装。

（1）平面形式构成的前提条件

在这个阶段，设计项目任务书仍然是前提条件。设计主题（风格）、设计造价都是需要考虑的前提条件，不管是平面还是空间的形式构成中都有所体现，设计师要整理好脉络。关于主题，本节中将有所提及。设计造价的影响，

其实也很好理解，"有多少钱，就干多少事"。这是一般甲方愿意去接受的。设计的内容越多，形式、材质越复杂，造价相对就会高。但并不代表越单纯的形式构成造价就越低。形式构成阶段已经是设计重要的表达阶段，形式风格趋向逐渐明朗，如何做一个好的形式构成，这就是接下来所要回顾的内容。

平面形式构成的实际意义：

我们见过很多优美的景观平面形式构成，不仅美观而且实用，如图3.2-58 a、b。很多时候，这些复杂的几何形式会令我们不知所措，不禁要问，为何在基地会有如此

图3.2-57 a、b、c

复杂难以理解的图形呢？它们存在的意义是什么？简单来说，是为了方便后期施工，能够用人类最为方便、快捷的产业链方式制作细部内容，使其有建造出来并得到量产的可能。这里，由于功能分析的完成，基地已经被分隔成不同的功能区块，分析中也仅是模糊地计算每个元素应该获得的空间尺度与位置。这些愈加精确的元素与人类可接受的外在形式、周遭的自然属性相联系，并可以满足人类的审美需求，这是不能更改的事实。

如容纳一棵树的树池，在确定尺寸时，就不可能做得过大或过小。做得过大不仅侵占其他的功能，而且丧失美观；做得过小，不能满足植物的生长需求。因此，当一个计算合理的树池放入空间中，就会与空间中所有有形元素发生相应关系。只有当这些元素相互之间的尺寸恰到好处时，形式构成才有其美学意义。当有形元素间发生作用，不允许树池以常态形式出现时，树池便会产生非常态的外形。如图 3.2-59 a、b，这种互相制约、枯燥演算的结果造就了形式构成外在复杂性的平衡。

"平面需要最活跃的想象力，它也需要最严格的规矩。拍定平面就是定下一切，这是决定性的一举。平面不像一位太太的脸那样画起来好看，这是一个朴素的抽象，它只不过是看起来很枯燥的代数演算……"（【法】勒·柯布西耶《走向新建筑》。见微信号本书资料经典理论论著赏读）

（2）形式的几何特性

理解了形式构成的意义，就会开始明白例图中看似复杂的几何形态。一是具备精确测量性，施工建设才有可能完成。（图 3.2-60）二是满足人类的审美。仔细观察这些外形，其实均是基本几何元素叠加后的结果。（图 3.2-61）当然，美学是重要的依据。这也是为什么 I PHONE 是艺术与技术的完美结合了。

图 3.2-58 a、b

图 3.2-59 a、b

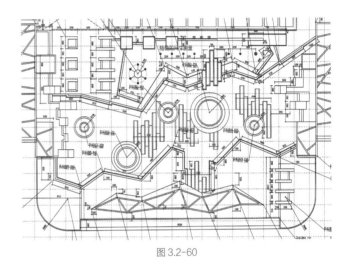

图 3.2-60

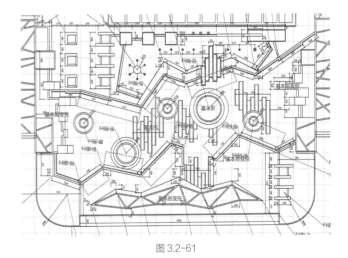

图 3.2-61

"几何形体开始于三个基本的图形，圆、正方形、三角形。"（见格兰特·W·里德《园林景观设计——从概念到形式》）接下来我们从最基本的圆形、正方形开始完成平面构成。（三角形为正方形或矩形的变化所成）

1）圆形为主的构成

圆形是基本图形之一，圆又称为正无限多边形，在自然界当中，不存在纯粹的圆形。图 3.2-62 中月洞门的门框铺装其实也是多边形的。圆又具有强烈的向心性，如图 3.2-63 为常用的圆桌，人们围坐在一起，让人们的表情都被互相看见。圆桌会议也是这个道理。放在室外空间也是一样，前面的功能分析也已经谈及。那么，如何运用单纯的圆做平面构成又能进行度量呢？这就先需要找到圆的参数点：① 圆心和圆周；② 半径（直径）；③ 半径延长线（直径）；④ 切线；⑤ 基准线（辅助线）。（图 3.2-64）

下面的例子中以美学作为依据，以参数为精确测量点，展开圆形为主的构成分析，当然在基地中它是与其他的几何形同时出现的。

圆形案例一：图 3.2-65 是项目基地的构成终稿（局部）。从平面构成的角度观察，在美学依据下，满足了统一感。整体圆的形式还是存在的（主体），但又不是一个完整的圆。上文已经说过，构成中所放置的元素应该和基地内的所有元素产生联系，a 点植物放置在了圆心的位置，利用了圆心的向心性；b 点的环形柱廊强调的是圆周的关系，将座椅融入圆形，同时满足了通行；c 点的泳池边缘借助了半径的延长线，从而与 a 点产生图形上的联系；处在泳池内的 d 点

图 3.2-62　　　　　　图 3.2-63

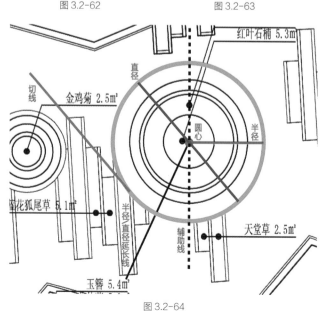

图 3.2-64

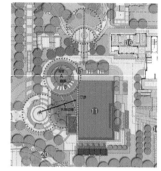 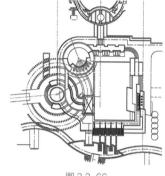

图 3.2-65　　　　　　　　图 3.2-66

汀步，则是与圆形相切的线段。如果不按照圆的元素去摆放功能元素就会如图 3.2-66 一样，看起来基地中的任何元素彼此间都没有任何关系，同样也违反了美学依据中的"统一"原则。以上基本上运用了所有关于圆的参数。a 点为参数①、b 点为参数②、c 点为参数③、d 点为参数④。是不是将参数都要运用进去？这要根据功能分析中需要放入的元素而定。要将参数变得精确，就要将参数⑤基准线带入形式中。观察图 3.2-67 CAD 图纸中的基准线的变化。a 点为圆心，可在 CAD 中求得准确坐标，在圆心中旋转出来的 b 点就获得了相对角度尺寸，c 点同理，仍然依靠的是圆心。这样的精确做法的好处在于一方面是制图时能够相对保证尺寸精度，充分运用场地；（效果图 3.2-68）另一方面为后期的施工定位提供了方便，艺术与技术自然得到平衡。

圆形案例二：图 3.2-69 为某公园鸟瞰实景图。从分析中得出，几个圆之间有着强有力的联系。a 点为中心水池，定位在圆心的位置，具有向心性。b 点中轴线穿过圆心，是圆的半径延长线，延长线终点与 c 点圆的圆心重合，为有一个良好的终点视线。d、e 两点为景观构筑物，与大圆的圆周产生关联，大圆的圆周又同时穿越了 d、e 的圆心。f 点小道与圆的切点产生关联。b 点中轴线上排布的树池 g 又与中轴线中的四个圆圈的圆心、切点产生着联系等。以上反反复复的形式关联，在满足了功能需求的前提下，造就了优美的视景空间。还原这些复杂的图像，想来也仅仅是几个简单的几何形而已。但同时要满足多种的基地要求，就会变得极其复杂起来，但是这不正是基地的魅力所在吗？这也是设计师的"魔法"。

2）以矩形为主的构成

正方形是矩形的特殊形式，也包括在矩形内，同样也是平面构成中基本图形之一。正方形与圆一样具有向心性，矩形就不同了，它还兼具着通行的功能（在功能分析

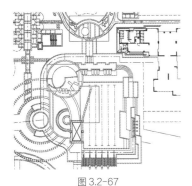

图 3.2-67

图 3.2-68

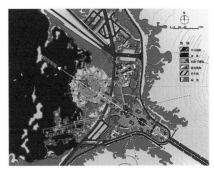

图 3.2-69

中已详细说明）。那么，如何运用以矩形为主做平面构成又能进行度量呢？同样需要找到矩形的参数点: ① 中心点; ② 边和边的延长线; ③ 轴线和轴线延长线; ④ 对角线与对角线延长线; ⑤ 基准线（辅助模数网格）。（图 3.2-70）

矩形案例一:

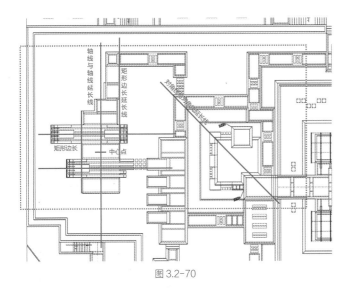

图 3.2-70

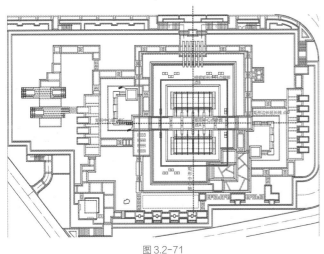

图 3.2-71

矩形是天生的人造形状，因此相对来说最好量度。矩形也是设计时常会使用的构成之一，如图 3.2-71 为某酒店外环境，立地条件为半地下停车库上方的屋顶花园。a 点为花园的主景水池，可以看作主要的构成基点，同时满足了美学依据中的统一中的"主体"。通过参数思考其他的元素是如何与构成点发生关联。b 点为水池中央的中心区域，利用了矩形中心点的参数，是同心矩形。c 点为穿越构成基点的矩形，做通行用途，利用了矩形轴线和轴线延长线的参数。其余的基地中的元素都多多少少与参数边和边的延长线有关，如点 d。与圆不同，矩形更具备工程实现性，可降低造价。

接下来需要带入模数系统来解释矩形的定位与关联。首先图 3.2-72 为矩形的模数关系（平面构成中的骨骼），但是我们不可能将其搬到实际造型中，只是大致提供了矩形的造型思考方式。之前说过立地条件在半地下停车库上方，与搭积木一样，上层矩形的放置需要参照的模数也是下层停车库柱网的模数。这样做的好处，一为有可知的模数参考，另一方面上层的矩形元素如果正好在柱网上方，从结构上来说也是合理的选择。将图 3.2-73 半地下停车库柱网模数与基地图重合，就能发现矩形构成的端倪。所构成的矩形元素大都是以 6200mm、5300mm 的模数网格进行构成。构成越复杂，模数的细分就越复杂，如 1/3 模数、1/4 模数等。因此，这也是本案使用矩形为主构成的原因之一。如果中心有尺度相仿的圆，下方就需要更广范围的支撑。综上所述，通过矩形的参数，矩形的形式以有力的方式联系在了一起。图 3.2-74 a、b、c 为项目建成实景。

矩形案例二:

图 3.2-75 为某小区局部中轴线鸟瞰实景图，从分析中得出，不同的矩形联系在一起，形成了统一的整体。见图中分析。

作业：

矩形案例三：如图 3.2-76 a、b，依据矩形构成要素，分析北京故宫景点矩形平面构成。参考震撼的鸟瞰效果。

（3）形式的限制

形式的限制也是基地平面构成所要考虑的重要因素之一，是景观就要赋予其风格导向。前面同学们有了形式几何性的理解，就懂了如何去造型。而有了对于具体形式的限制思考就可以有选择地将基本几何形契合进基地中了。形式限制大体以立地条件和建筑风格有关，概括来说：一是将大自然充分表现的自然形式；在平面构成时当然需要符合自然形态的立地特征，在这样的基础之上进行造型。多见于风景迤逦的生态栖息区等。（图 3.2-77）（抽象形式就不能太明显）另一方面是抽象自然属性，大多以人造形式为主的风格。同时，人造形式也常见于拟自然式与抽象的人工形式。例如，中式南方古典的"虽未人造，宛自天开"。在狭小的空间中，完成对大自然的浓缩，又如英国的风景园等，这些都是拟自然式。（图 3.2-78）抽象人工形式如中国北方园林与法国园林中具有的轴线性，是抽象的人工形式代表。本节主要说明的是抽象自然风格下的平面构成形式。我们暂且简单地分为中式与欧式。（风格流派众多，不在本书讨论）除了地产项目对于风格化的选择有一些明确的要求外，一般情况下，景观专业在接受设计时，建筑风格已经确定，风格的确定其实只要从立地条件与建筑外形就可以判断了。同学们在拿到基础资料后，就应该明确这一点，依照以下的方法进行平面形式构成。

1）立地条件的思考：任何一块基地都有属于它们的风格导向，也许是从基地中的建筑物看出，也许是因为一棵名树古木。就算以上都没有，那也有隐藏在基地的文化属性，如检察院在形式构成上就应靠近严肃，如学校在形式构成上就应靠近活跃与青春等。在形式构成阶段风格趋向形成，这些立地条件是很好的风格基础、形式依据。如果不将其考虑进基地，未来的形式感就会觉得单薄。图 3.2-79 为某市公共卫生中心的景观设计。从平面图看，除了中间的椭圆形构成、入口处的矩形桥梁，其到底是体现了卫生功能，还是有明确的风格呢？就如到了任何城市的万达一样，它有其自身的风格。（图 3.2-80）对于消费者而言，可以一眼就能看出，看到的是什么？是形式。再看一个例子，图 3.2-81 为生产服装企业的楼前广场改造，建筑毫无风格可言，只能从隐含在基地中的文化着手，最终完成设计。刚刚进入到设计行业，要养成思考的习惯，

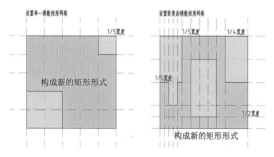

图 3.2-72

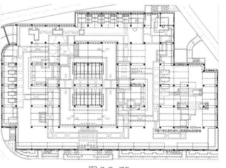

图 3.2-73

图 3.2-74 a、b、c

图 3.2-75

图 3.2-76 a、b

图 3.2-77

图 3.2-78

图 3.2-79

图 3.2-80

图 3.2-81

不断观察、对应场地信息，形式构成才能看起来像那么回事。

2）风格的正确判断，合理设计：有的设计项目只要看到建筑就能联想起风格，如图 3.2-82 为万科开发的小区——第五园。从建筑的形式中，很容易判定为新中式风格的典型。确定完风格主题，景观形式风格的确定上就要配合建筑形式进行考虑。

风格的正确预判可以限制所思考的形式，至少外在的形式感看起来与你所表达出的基地信息要搭配得起来，原理简单。如图 3.2-83 a 应该是自然防护性绿地，外在风格形式趋向自然；图 3.2-83 b 小区为拟自然式风格景观，组团休憩景观的外在形式要具备自然的氛围；图 3.2-83 c 为欧式风格景观，景观风格形式就不能脱离欧式风格；观察建筑风格作为定位景观风格的依据，掌握了这一点，在形式构成的处理上也会轻松一些。

3）运用建筑风格作为依据：有了风格的判断，形式构成便会有大致的思路。建筑物的特征也可以带来全新的思路，可以根据建筑的这些特征作为形式构成的依据。例如图 3.2-84 中的主要构成结构，其实是周边建筑的细节特征。作为一块公共性建筑，平面构成不仅要和建筑浑然一体，形式上也突出了建筑的带入感，二者相辅相成。如图 3.2-85 为别墅庭院设计。庭院设计以建筑风格作为依据是常见构成做法之一。建筑的特点如门窗（如欧式的拱窗）、山墙（中式的风火墙）等。图 3.2-86 为通过右边建筑特征的参考所制作的平面构成形式。

（4）符合功能的形式融合：

有了以上的风格限制，单体的几何形状就可以有据可依的进行融合了。一般功能较多的基地中，有形成多样形式融合的可能。如果就活动、休憩区而言，往往有着更高的欣赏、功能要求，也就存在较多的形式。为了迎合基地的需求，单纯形式间组合在形式构成阶段显得呆板与单调，这是形成外在基本形融合的成因之一。"当方则方，当圆则圆。"另一方面也跟形式几何性的另外几点相关，接下来的主体风格，有设计经验的同学更加明白这个道理，美学依据统一中说明了主体这个概念。如图 3.2-87 中方形是基地中的基本形，其他的形状与方形产生联系，形成了方形的附属形。运用主体的概念就很容易说明这个问题。这里就得出一个结论，即形式之间的融合，必须要在整体上被看作一个图形的基础上展开设计。图 3.2-88 中的圆形构成参考案例得见平面形式构成大都结合功能需求，通

图 3.2-82

图 3.2-83 a、b、c

图 3.2-84

过单一几何体之间的融合产生，很少存在单一形状。如果将形式中的铺装加入，平面图也会变得更加完整，富有肌理感。

（5）平面构成中的铺装

景观基地中的铺装设计也是平面构成组成部分之一。其个仅可以美化硬质铺装，也能够划分不同的功能区域，是基地风格更为细致的表达，是总体形式规范后的装饰性工作。它必须与其所框定的基地功能属性与总体形式产生联系，才能做好铺装设计。但翻看平时的作业，同学们却鲜有对于铺装的思考。其中，有以下几个误区。

误区一：不经推敲的铺装形式与材质表达。铺装设计应与基地存在的风格、功能诉求有着相对应的联系，要分

区块进行考虑。如图 3.2-89 a、b 中图 a 为主要步行通道的地面铺装，形式简约，具有冗余性，与次要通道略带古朴的冰裂纹铺装是迥异的。一是服务内容不尽相同，另一方面功能区的风格导向轻松显露。

误区二：CAD 的填充铺装。铺装设计属于细节化的设计，但"麻雀虽小，五脏俱全"，仍然要循序渐进。为了节省时间，常依靠 CAD 内的填充功能试图一下就将铺装填入进构成当中，却没有考虑是否与外在的形式产生联系。在方案阶段，如果设计内容较少，涉及精细的铺装内容时，也并不赞成使用 CAD 内的填充工具。首先要做的是对于需要精心设计的铺装做大致的分割工作。铺装分割线强调铺装等级内的外在形式主体。在接下来施工图阶段需要进行演算，不然在边界时面砖很有可能面临切割造成材料的损耗。

平面构成小结：

形式构成依附功能分析产生，是方案阶段重要的组成部分，虽仍是二维的思考，但客观的形式已经形成。每一种形式都有限制的内容，有将其联系的方法。在此前提下的平面构成制作，加入功能诉求、形式美学，使外在形式

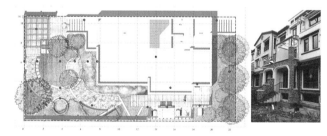
图 3.2-85

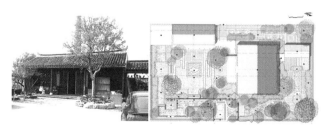
图 3.2-86

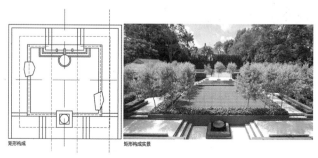
图 3.2-87

图 3.2-88

图 3.2-89 a、b

感以丰富多样的姿态展现出来，但是，还并非完整。前面已经提到，平面构成与空间构成是同时被考虑进基地的，接下来回顾的空间构成可以补充平面构成中说明不够充分的部分，进入到三维世界考察基地内部的关系。这将会是设计师最感兴奋的部分。

3.2.4.3 空间形式

概述：

空间构成是形式构成阶段另一需要考虑的部分，它与平面构成一起创建出有形的景观世界。在方案阶段，平面与空间常常并轨在一起考虑，是垂直界面与底平面的关系，它们通过尺度、比例相互制约。这个阶段是令设计师激动的阶段，基地终于从二维空间向三维空间转化，能够在三维的空间中行走，游移视线，向所要实现的真实空间进了一大步。现实基地中的空间构成，如图 3.2-90 a、b、c、d，这些平时熟知的空间，如何运用构成的手法，在功能分析制定的框架中设计出美轮美奂的视觉效果，这是本节将回顾的内容。

空间构成的方法与要素包括：1.空间构成的依据；2.空间的序列与对比；3.构成空间的元素；4.构成的综合应用

图 3.2-90 a、b、c、d

（平面构成与空间构成）。"空间既能将我们聚集起来，同时又能把我们分隔开，空间对于人际关系相互作用的方式非常重要。""正是面对面这个词暗示了空间，它告诉我们人们在空间中彼此的位置。"（《空间的语言》【英】布莱恩·劳森）

1.空间构成的依据：

（1）空间与时间相对，是无限与有限的统一。在景观基地中，空间对于人来说是有限的。它所具备的适宜长、宽、高，限制了空间的各个界面，都与人的活动有着密切的关系。因此，一组良好的界面尺度、比例，会给人带来或私密或开敞的需求体验。在不同的角度游走与观察，从开阔的草坪到私家的庭院，空间的界面尺度、比例也在不断地转换。有时是在引导，有时是在展示。（图 3.2-91 a、b、c）人们的活动同样适应界面的限制，创建一个可使用、可观赏的有效空间是以人为依据的。空间界面的尺度、比例即空间构成的依据之一。空间界面尺度、比例都与人的知觉有关（《园林规划设计》）。

（2）生理、心理、精神的限制：生理、心理、精神，是人们不可缺少的知觉活动。在空间中行走，这些知觉反应都在考量着空间的合理性。通过对于人的知觉的研究，可以为空间找寻科学的例证。

1）视距的界限

① 空间、场所、领域：据研究，正常的清晰视距为25—30m。这时，人们更倾向观察空间的细节。能够识别景物类型的视距为 150m—270m，能辨认景物轮廓的视距为 500m，能够明确发现物体的视距为 1200m—2000m。这一视距规律，给空间界面、景物的设计提供了科学的依据，在不同的视域范围内，所看见的视景就可以把握了。具体来说：A.空间界面与人的距离为 25m 上下，空间具有亲切感，在这个尺度范围内，人们可以比较自由地交谈，

图 3.2-91 a、b、c

所有的可见事物都能够清晰表达。一旦超出这个范围，便很难辨别人脸的细部特征，人们便很难进行沟通。此时可称作形的尺度空间有居住区景园、庭院空间等。B. 空间视觉超出这个量度，达到 110m 以上，肉眼就认不出是谁，只能辨认大略的人形与动作。并且超出 110m 之后才能产生广阔的感觉，视域的场所尺度感开始出现（广场）。C. 最后一个视距是 390m 左右，如果要创造一种很深远、宏伟的感觉，就可以运用这一尺寸。A. 在生理阶段；B. 在心理阶段；C. 在精神阶段。不同的视界界限可以产生不同的知觉感受，这是需要合理选择的，其实这仍是功能性决定的结果。（图 3.2-92）

② 观景的视距界限：人的正常景观视场，垂直视角为 130°，水平视角为 160°。能看清景物整体的视域为垂直视角 26° 至 30°，水平视角为 45°。根据这一规律，舒适的观赏位置为景物高度的 2 倍或宽度的 1.2 倍，图 3.2-93 a、b 中分别以观赏角度做了分析。同样，这也是同学们在拍景物照片的时候需要退后找寻最佳视角的原因。图 a 观赏以高为主的景物，图 b 主要观赏横向展开的景物（建筑群、景墙、树群等）。当然，在现实设计时，a、b 两图中的景物常常都是组合出现的。当应用水平视角控制时，作为主体的景物应当控制在最佳水平视角范围内，要求作为"背景"的景物就应当控制在最佳水平视角之外。以上对于静观景物起到了一定的指导作用。

③ 动态中的视距：人们在行走的过程中，空间也在不断地变化。在外部空间组群中做步行运动，当其近观时，景物细节，尤其是艺术构筑物（建筑、景观）中的造型、设色、材质等种种细节丰富多彩，往往使人驻足，流连忘返。而观其远方景物，人虽移步，远观视角的变化却常较微小，景观微差变化难以明显察觉。因此，近观和远观的视觉感受，多具有时空上的相对静态特征。与此相比的是，中景景观主要是在远近行止的显著变动中，被人连续感知最终成为可仔细观赏的近景，具有时空上明显的动态感觉。（图 3.2-94 a、b、c）

2）嗅觉、听觉与空间距离

嗅可以得花香，听可以闻风声、水声。人们嗅觉通常在 2m 至 3m 的距离内发生作用。人的听觉在 7m 至 35m 之间发生作用。在 7m 之间人们可以正常地社交对话，超出这个范围就不能准确地接受信息。35m 是演讲的极限距离，一般大的阶梯教室的长度不会超过 35m。以上的两个尺寸界限可以作为划分空间的依据。7m 是开 Party 聊天的合适距离。（图 3.2-95）

另外一个人与人的空间距离会对交流产生影响。0m 至 0.45m 是相互信任和亲密活动的距离，是需要同意后才能进入的距离。这就用来解释为何我们在电梯空间内感觉不适。这个距离内的交流可以耳语，称为亲密距离。0.45m 至 1.3m 为个人距离或私交距离，在这个区间内，其中 0.45m 至 0.6m 一般出现在思想一致、感情融洽的情况之下，0.16m 至 1.3m 是一种不自觉的感知减少的距离，这时两个人的手还可以碰到一起，但只能尽力做到。因此这一距离的下限就是社交活动中无所求的适当距离。1.3m 至 3.75m 为社会距离，指和邻居、朋友、同事之间的一般性谈话的距离。超出这个距离就很难融洽到谈话的内容当中。3.75m 至 8m 为公共距离，结合听觉的社交极限就可以理解，在离你 8m 以外的个人距离的谈话是很难被你察觉的。图 3.2-96 说明了一些平时难以觉察的内容。

空间构成的依据，综上所述是根据人的体验加以确定的。正确空间界限的判读可以引导人们向着需要的尺度

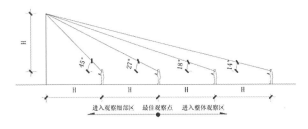

图 3.2-92

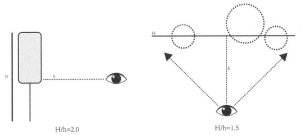

图 3.2-93 a、b

空间行进。了解空间大致的尺度关系，有了以上的知识基础，就可以开始具体的设计活动。需要注意的是本节以空间构成为例，做实例说明，关于心理的场所与精神的领域并不在回顾的范围内，请参看《景观设计学》。

2. 空间的序列与对比：

以上我们重新回顾了以人为本的空间依据，在这个大前提下，讨论空间的序列与对比相对有了实际操作的意义。在一个相对局限的空间中，空间界面的不同尺度创建出不同种类的空间，这些空间有的满足聊天，有的满足休憩。但是，人的游览总是动态的。这就需要设计师要坚固基地中的各个空间，使之成为有趣的整体。空间序列的内容包括：1）起、承、开、合；2）起伏与层次；3）引导与暗示；4）渗透。对比的内容为：1）虚与实；2）疏与密；3）藏与露。

（1）空间序列：空间序列是整体空间布局的问题。当我们进入空间序列中，就如文学作品一样，有开端，有过程，有高潮也有结尾。当然空间序列的形成也要用空间的语言才能完成。以轴线空间为例。

1）起、承、开、合：轴线空间设计。图 3.2-97 为宜兴大觉寺景观鸟瞰图，标注 A-A 为轴线空间，运用了起、承、开、合的手法，创建空间的序列。

2）起伏与层次：另一个注意点就是起伏与层次，大

图 3.2-94 a、b、c

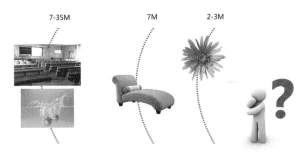

图 3.2-95

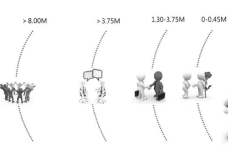

图 3.2-96

图 3.2-97

觉寺地势较高，轴线沿坡而上，形成第一级自然的起伏，总体鸟瞰图中的 1#、2#、3#、4# 点佛教元素构成了丰富的视觉起伏。空间起伏增加人视的层次，结合起来，在可观的视域内就形成了前景、中景、背景。

　　3）引导与暗示：引导与暗示隐藏在基地之中，常常是观者心理的体验。合理的安排可以引导观者进入功能区域。有的时候功能区域的出现，也是"犹抱琵琶半遮面"的。这就需要设计者巧妙地引导暗示即将到来的景象。（图 3.2-98 a、b）a 为居住区的鸟瞰图，将主要精力融汇于此，几排行道树加上底景的组合，暗示行走路径。b 为公共空间道路转接处，运用五彩缤纷的灌木造景，起到暗示进入功能空间的作用。

　　4）渗透：渗透也是空间序列形成不可缺少的因素。人们在游历的过程中，需要通过渗透产生往下行进的兴趣。古代南方私家庭院中涉及了大量的渗透方法，如框景、夹景、借景等，是形成园景"步移景异"的原因之一，在今天的设计活动中仍起到重大的启迪作用。（图 3.2-99 a、b、c）渗透的另一个表达是景物或空间的藏与露，这也是现代景观常见的设计手法，作用在于较为含蓄地表达即将进入的空间，往往将一部分空间或景致展示出来，也许是景观建筑的屋顶，或是空间精华的一个部分，可以使得小

空间产生变大的错觉。例如图 3.2-99 b 中将较小水域运用藏与露的手法，可以形成藏源头，露部分亲水空间但是又不能马上到达的知觉效果，最后使得水域在观赏时有源源不断的错觉。

　　（2）空间的对比：设计美学依据韵律中所举"桃花源"之例已强调了空间对比的有效作用。结合空间的尺度概念，就可以完成一段可欣赏的美景了。通过空间的对比，可以使得观者在很短的游历过程中产生心理起伏的表现。这些对比都是相对存在的。

　　1）虚与实：在不同的空间中，所需要表达的感受是不尽相同的。有时为了烘托出虚掩的空间先要将空间界面收缩，形成实的空间（郁闭空间）。虚与实不能单独成立。虚与实的元素在具体的空间中，同样存在，可以是建筑、小品对水面、看虚幻的倒影；可以是落叶乔木对常绿乔木，秋冬时节，观掩藏的景致；也可以是透过景墙的花窗，看见的一抹自然的草坪。（图 3.2-100 a、b、c）有虚幻才有现实，虚与实是相互依存的，为空间的对比提供有效的思考依据。

　　2）疏与密："疏可走马，密不透风，计白当黑"，都是关于书画的描述，中国古典造园在传统上与书画合流，园景中有的怪石嶙峋，有的仅一处山峰，运用"借、露、框、透"，塑造出"移天缩地"的静谧文人园林景致。在现代景观空间的营造中，运用到空间对比也还是适用的。图 3.2-100 c 中的"疏林草地"景观节点中一侧的空间界面将人们的活动场所局限，密不透风，在宽阔地带疏可走马，空间产生对比。

　　空间尺度的度量依据，空间塑造的方法，提供的仅仅是造景的局限手法，不应拿来适应任何的基地。不同基地都需要与之对应的空间，应该清晰的不能掩藏，应该闲情逸致的就不要将园景和盘托出。空间构成阶段，讨论的不仅仅是空间问题，也对应着前两个阶段——功能分析、平面形式构成。这也是多次强调功能分析阶段做得越详细越好的原因，对于空间的选择、塑造，起着重要的作用。创造一个以人为本的环境，本来就不是易事。有了以上的描述，接下来单独对空间构成的元素进行回顾。

　　3. 空间构成的元素：

　　（1）地形；（2）棚架结构；（3）植物；（4）景墙与栅栏。

　　（1）地形：在景观空间中，地形有很重要的意义，因为地形直接联系着众多的环境因素和环境外貌，进而影

图 3.2-98 a、b

图 3.2-99 a、b、c

图 3.2-100 a、b、c

响空间的构成和人们的空间感受，也同时影响排水、小气候、土地的使用。读懂地形可以帮助设计的合理进行，丰富空间环境。将设计精美的元素放置在地形高处也是不错的选择。（图 3.2-101）地形基础知识可以参看（《建筑学场地设计》第一章内容）A 点建筑"背山面水，坐实面虚"，形成有利的小气候。B 点运用地形将别墅与外界环境自然隔离，强调私密性。C 点起伏变化的地形造就了景观空间的自然层次，有良好的经济、美观效果。

（2）棚架结构：室外景观空间中常见的亭、廊属于棚架结构。亭有停驻的意思，廊也兼顾着通行与停驻。现代设计中，棚架设计变得有趣并且精良，（图 3.2-102 a、b、c）本身就是可欣赏的一处景致，服务于景观环境中。棚架结构也提供了景观空间的顶面，强调了空间的属性，是人们乐于坐在里面休憩、观赏的良好地点。这样特殊的空间需要放置在合理的位置才能发挥它的作用。图 3.2-102 a 是中国皇家园林中的风雨连廊，沟通了院内所有的功能空间。图 3.2-102 b 的亭结构的放置，使人坐在其中有可以观赏的景物。图 3.2-102 c 中棚架结构将本身的功能转化成外部的形式感，具有雕塑感，本身传递细节美感。

（3）植物：植物是景观空间中必不可少的组成部分。关于植物配置的书籍有很多，可以参看《风景园林设计要素》等理论，微信号本书资料中也有电子书籍可以参阅，此处不再详细说明。

图 3.2-101

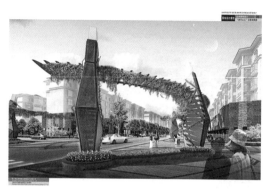

图 3.2-102 a、b、c

植物是自然界景观中固有的元素,可以看成是最原始的空间界面之一。在方案设计当中,虽然可不必标明具体的植物种类,但是要预想植物加入后的情境。这个过程与功能分析相似。(图 3.2-103 a、b、c、d、e、f、g、h)图 3.2-103 a 说明了植物分析的过程,先规范骨干树木的范围与平面形状。图 3.2-103 b 说明了接下来的植物配置遵循结构层次排。图 3.2-103 c 是植物最后的实景。在设计美学依据下,观察发现植物的层次是丰富的,整体观感优良,仅仅通过植物就能够造景。图中的数字表明植物分成了 5 层关系:草坪、地被、灌木、小乔木、大乔木。多重复制的大乔木广玉兰主要是以背景存在,形成有层次的天际线,色彩较环境而言,较为沉重。近景的草坪面积大,颜色单一。由于这种对比加之视域的范围,主要视觉点在于中景的位置,中景组团为灌木球(黄杨、红花檵木、八角金盘、芒草等),花镜类(金鸡菊等)。5 个层次相互配合,相互对比,增强视觉辨识的难度,丰富感官的层次。除了以上可观赏的植物群落,另外,也突出了基地路线的转折,形成空间的引导与暗示。图 3.2-103 c 与图 3.2-103 d 分别是城市道路旁的带状绿化。图 3.2-103 c 从图面的表达中看出,植物配置相对丰富。经过分析可看出,所谓观赏的色叶植物常伴随功能空间出现,如入口 A;伴随入口出现的底景 B;休憩区 C、D;E 围合空间,当然在其中的人流也在树荫环境下行走。图 3.2-103 d 亦是如此,入口 A;底景 B;C 围合空间,仍然是有一定的规律可循。图 3.2-113 e 是植物与建筑的结合,柔化建筑边线,强化建筑以及全景形态。图 3.2-103 f 骨干植物的配置强调了功能、形式构成。图 3.2-103 g 水生植物改善水质及环境,对于土质疏松的地带,可以保持水土稳定,控制侵蚀。

综上所述植物的作用有:1)构成美学环境;2)引导空间流向;3)构成围合空间(遮阳);4)强化形式构成形态;5)控制侵蚀。

空间构成的各个元素的放置都会影响周围的环境,任何不合时宜的配置都会对环境产生不良的影响。借用《园治》中所说"宜亭斯亭,宜榭斯榭""俗则屏之,佳则收之"。同学们将构成元素加入进基地前,如若不能清楚地知道原委,则需要继续揣摩找对方向。

空间构成形式小结:

空间构成是人类熟知的维度,在三维空间中人们可以在其中行走,参与活动,欣赏空间界面、小歇停驻。有时为了到达目的性空间需要穿过冗长的通道而不觉,有时停留在开阔的空间,思索回忆。空间的构成满足了人们的需求。铺装地面、四周竖向界面、顶面都在无声地述说着空间的语言——引导与暗示,又运用对比将不同空间加以区别与标识,随之不同的元素添加进入以强化之。空间是如此的虚幻又是那么的客观存在,最终都是为了建立起来为人所用。空间构成与平面形式构成是在抽象的功能分析基础之上建立起来的,三者相互联系,又相互限制,最终才能够实现使用的空间。

形式构成小结:

本节回顾了形式构成与空间构成的若干方法与构成缘由,部分问题也有些杂乱,需要有一定设计基础的同学加以甄别学习。

有了以上的基础就可以开始把第一节遗留下来的功能图解做深化工作了。回到图 2.1-20,详细的功能图解已经摆在面前,现在重新盖上拷贝纸做形式构成与空间构成。前文已经说到这两个过程是一起考虑进基地当中的,有了计算机辅助技术,那些在头脑中难以三维化的空间部分就得以理性解决,接下来就可以开始制作了。

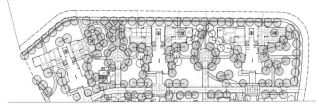

图 3.2-103 a

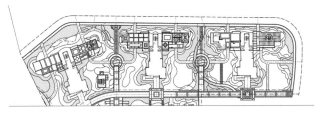

图 3.2-103 b

图 3.2-103 c

图 3.2-103 d

图 3.2-103 e

图 3.2-103 f

图 3.2-103 g

图 3.2-103 h

形式、空间构成的制作:

第一步:选择平面构成的风格与构成主体。根据前期分析,住宅建筑是现代建筑,运用中式与简欧式风格应该来说都在范畴之内,大致以欧式田园风格为主。风格定位下来后就可以确定构成的形式主体。本案选择主体构成元素为矩形与圆形。

第二步:以确定的比例尺作为依据先将主要的形式内容确定下来。

第三步:在拷贝纸上画出以建筑入口为参照的辅助线,多方案讨论道路的形式与方式。需要注意的是必须要等道路的形式最终确定下来,才能够进入下一步,或道路只画中心线的形式。将入口位置放大处理,(图 3.2-104 a、b、c 多方案讨论)讨论建立中轴空间序列,将具体形式放入功能分析划定的位置,将形式及空间内容带入,形成起承开合的空间。在速写本上描绘各个空间的三维形象,运用上述设计方法同时考虑空间构成。(图 3.2-105 a、b、c、d)图 3.2-105 a 进入空间,平面形式以矩形通行为主。

观察无入户道路两侧地形较高,为谷地。根据功能分析,切割矩形。加入竖向构筑物,收缩空间、强调平面构成,形成"门洞",结合照明系统加入景观灯具。讨论、完善构成。图 3.2-105 b 进入本绿地主要半围合空间,处理为开阔场地。预备进入轴线的转换部分,轴线通过中央绿地,需要增强与周边建筑的关系,不宜偏移。"前厅"布置景观以引导进入。深入功能分析,放置水景至平面,讨论平面形式构成要素。借助空间尺度知识将观赏点中的构筑物放置在合理位置,结合近景、中景、远景。设置半开敞空间,讨论周边元素尺度是否达到合理的围合预期。图 3.2-105 c 将空间再度合理性收缩,进入三向人流汇集地,也是轴线的中点。平面放大处理,在收缩空间中创造宜人的内部开敞空间。讨论平面形式构成,所放置元素与周边的空间关系。根据功能分析,运用构成方法切割圆形放置功能要素,加入空间要素,将交通分流。图 3.2-105 d 再次进入轴线将空间打开,平面构成同上。进入轴线的尾声,对面的别墅区域终于显露出来。增加

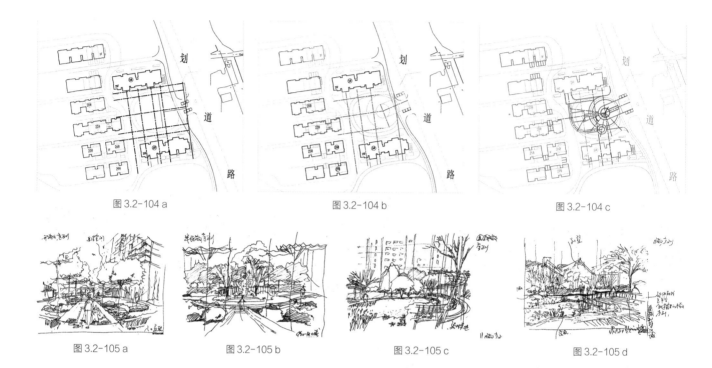

图 3.2-104 a　　　　　图 3.2-104 b　　　　　图 3.2-104 c

图 3.2-105 a　　　　图 3.2-105 b　　　　图 3.2-105 c　　　　图 3.2-105 d

的元素采用简约的表达方式，烘托别墅建筑的视觉观感。

第四步：主要轴线确立，将其余的形式空间继续考虑进轴线的构成中。所使用的形式要与主体轴线产生几何联系。功能分析中形成对景的空间放大处理，加入景观构筑物，停留观景。建立三维模型，讨论空间尺度。考虑屏蔽不良视景，加入景墙。

第五步：检查场地标高。以设计美学为依据，调整整体形式，关注主体形式的辨识性，并且避免单一形式感的出现。空间构成检查空间尺度问题，特别关注出入口、出入户的视野关系等。最后将道路具体形式表现出来。

第六步：进一步地渲染，加入铺装边线，考虑植物层次，点状大乔木与孤植尺寸需要根据品种与设计要求进行思考，群植色叶类植物要与功能性活动区结合。（图 3.2-105 c 为植物草图阶段图例）特别注意功能节点与入口区域，另加入硬质空间地面铺装材质边线与铺装分割线。（内部铺装应在项目时间充裕的情况下进行完善）不同功能的铺装，材质的选择也不尽相同。这一步还需要注意的是植物的平面尺度与铺装的平面尺度要正确表达，要不然很容易造成对图纸的误读。

第七步：到了这一步，形式（平面与空间形式）趋于可视化。一个方法为继续上色深入，完成总平面图纸。一个方法是导入 CAD 进行进一步细化工作。依据不同企业的操作流程进行。CAD 平面彩色效果图制作会在下一章简述。

第八步：文案的整理工作依据第一节内容进行整理，此处略。

景观方案设计流程小结：

本节用了较大的篇幅对景观方案设计阶段进行了回顾，大体分为功能分析阶段、形式构成阶段（平面、空间形式构成）。它们自上而下，层层相扣，在看似艺术的效果下，却是对原始基地理性的综合考虑，是景观设计中最重要的内容。在此阶段中，有很多的外在限制因素在暗示着设计师前进并解决基地的实际问题。方案设计就如议论文一般，同学们所提出的任一论点，要养成自己去推敲、去思考其合理性的习惯，循着方案设计的流程，每一阶段都要真正明确所设计的到底是什么。究其本质，才能举一反三。如常说的"欲扬先抑"是对于心理感受的描绘。短短几句，看似简单，但将其运用在何时何地，就又需要其他知识配合才能将效果显现出来。

在本科阶段即将结束的时刻，一方面，需要建立起良好的审美能力，锻炼发现美的眼光，观察平时人们的衣食住行是提高方案水平的好方法。加之对于方案流程的清晰了解与掌握，能够为未来的经验积累将造就很好的基础。

景观方案文本阶段作业：

作业分三个阶段三个项目循序进行，主要考查同学对于方案流程的熟悉情况。实训教师应记录辅导每个流程节点。

作业一内容及要求：别墅庭院设计

1. 内容：基地电子图参见微信号本书资料

2. 要求：各个设计阶段必须清晰表达，功能分析图必须手绘表达。表现手法不限（手绘、电脑制图）。设计文本参见本节文本编制内容。

作业二内容及要求：别墅庭院设计 II

内容要求同上。

作业三内容及要求：别墅庭院设计 III

内容要求同上。

（初步设计阶段图纸略）

方案阶段的回顾即将结束，下一节将简述施工图的制作流程。施工图阶段是方案阶段的深化，是将设计师对于基地的主观思考客观化的过程，如明确具体的尺寸、明确具体的铺装型号名称、明确具体的施工工艺。但不对具体的施工图做详细的解释，只对其流程与编制进行说明。

3.3 景观设计流程 ——施工图设计，设计文件分述

3.3.1 实习、实训中施工图制作的目的意义及参考依据

1. 目的：施工图纸是景观建设不可缺少的指导性文件，目的是提供一个可以满足建设项目景观舒适、造价经济、管理安全、维修方便的图纸。景观施工图的绘制能够指导施工，将方案阶段的设想得以成为现实。接着上一节居住区的方案，进行施工图的设计，由于有不同种类的工艺，因此本套施工图不具备通用性与时代性，应主要了解施工图的制作流程、设计文件的制作深度细则。

2. 参考依据：

（1）06SJ805《建筑场地园林景观设计深度要求》；

（2）GB/T50103-2001 总图制图标准；

（3）GB/T50001-2001《房屋建筑制图统一标准》；

（4）CJJ/T91-2002《园林基本术语标准》；

（5）CJJ-T85-2002《城市绿地分类标准》；

（6）《建筑工程设计文件编制深度规定》；

（7）03J012-1《环境景观——室外工程细部构造》；03J012-2《环境景观——绿化种植设计》； 04J012-3《环境景观——亭廊架之一》等。

3.3.2 施工图设计一般规定

3.3.2.1 施工图设计文件内容包括：

（1）合同要求所涉及的所有专业（景观专业、结构专业、电气专业）的设计图纸，设计图纸中包含图纸目录、说明和必要的设备、材料、苗木表，（本节只讨论园林景观专业，详见景观专业施工图设计文件内容细则）以及图纸总封面。

（2）合同要求的工程预算书。（对于方案设计后直接进入施工图设计的项目，若合同未要求编制工程预算书，施工图设计文件应包括工程概算书）

3.3.2.2 总封面应标明以下内容：

（1）项目名称；（2）编制单位名称；（3）项目的设计编号；（4）设计阶段；（5）编制单位法定代表人，技术总负责人和项目总负责人的姓名及签字或授权盖章；（6）编制年月。

3.3.3 景观专业施工图设计文件内容细则

施工图阶段景观专业设计文件应包括：封面、目录、设计说明书、设计图纸。

3.3.3.1 目录

图纸目录应先列新绘制的图纸，后列选用的标准图。（标准图可参考标准图集或常见的通用施工做法）

3.3.3.2 景观施工图设计说明

1. 设计依据

（1）由主管部门批准建筑场地园林景观初步设计文件、文号。（无初步设计阶段的以方案阶段为依据）

（2）由主管部门批准的有关建筑施工图设计文件或施工图设计资料图。

2. 工程概况

包括建设地点、名称、景观设计性质、设计范围面积。

3. 材料说明

有共同性的，如：混凝土、砌体材料、金属材料标号、型号；木材防腐、油漆；石材等材料要求，可统一说明或在图纸上标注。

4. 防水、防潮做法说明

5. 种植设计说明（应符合城市绿化工程施工及验收规范要求）

（1）种植土要求；（2）种植场地平整要求；（3）苗木选择要求；（4）植栽种植季节、施工要求；（5）植栽间距要求；（6）屋顶种植的特殊要求。

6. 新材料、新技术做法及特殊造型要求

3.3.3.3 设计图纸——部分以江西凤凰天城 6 期施工图设计为例（图纸识图、建筑符号详见《建筑制图》）

1. 景观总平面图

根据工程需要，可分幅表示，常用比例 1∶300~1∶1000

（结合所需要的图纸大小设置）。（图3.3-1）

（1）地形测量坐标网、坐标值；（a）

（2）设计场地范围、坐标、与其相关的周围道路红线、建筑红线及其坐标；（b）

（3）场地中建筑物以粗实线表示一层（也有称为底层或首层）（±0.00）外墙轮廓，并标明建筑坐标或相对尺寸、名称、层数、编号、出入口及±0.00设计标高。（c）

（4）场地内需保护的文物、古树、名木名称、保护级别、保护范围；（略）

（5）场地内地下建筑物位置、轮廓以粗虚线表示；（d）

（6）场地内机动车道路系统及对外车行人行出入口位置，及道路中心交叉口坐标；（e）

（7）园林景观设计元素，以图例表示或以文字标注名称及其控制坐标；

1）绿地宜以填充表示，屋顶绿地宜以与一般绿地不同的填充形式表示；（填充指的是CAD填充，"宜以"是指在相对情况下要以表达清楚图纸为准，形式可以变化）

（图3.3-2）

2）自然水系、人工水系、水景应标明；（本案例均为人工水系）（图3.3-3）

3）广场、活动场地铺装表示外轮廓范围；（根据工程情况表示大致铺装纹样。根据工程场地范围确定铺装纹样的深度，总平面图一般画至铺装边线）（图3.3-4）

4）园林景观建筑、小品，如亭、台、榭、廊、桥、门、墙、伞、架、柱、花坛需表示位置、名称、形状、主要控制坐标；（图3.3-5）

5）根据工程情况表示景观无障碍设计。

（8）相关图纸的索引；（复杂工程、面积较大且一张总平面无法说明问题的可出专门的索引图）（图3.3-6）

（9）补充图例；

（10）图纸上的说明。

2. 竖向布置图

常用比例1：300~1：500。（根据基地的面积大小与出图图纸大小选择比例）

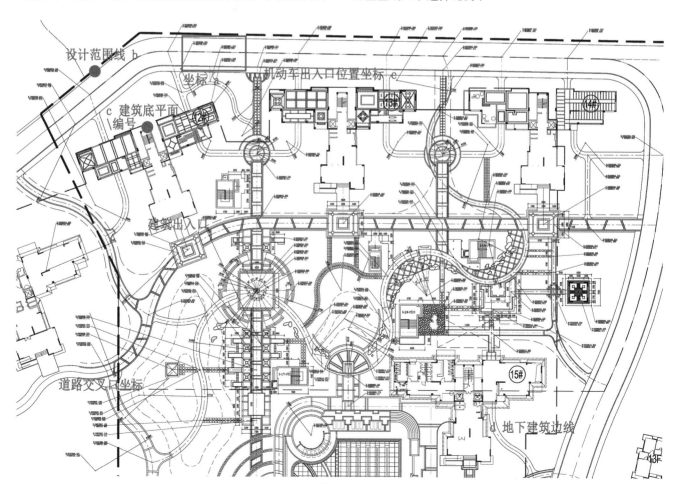

图3.3-1

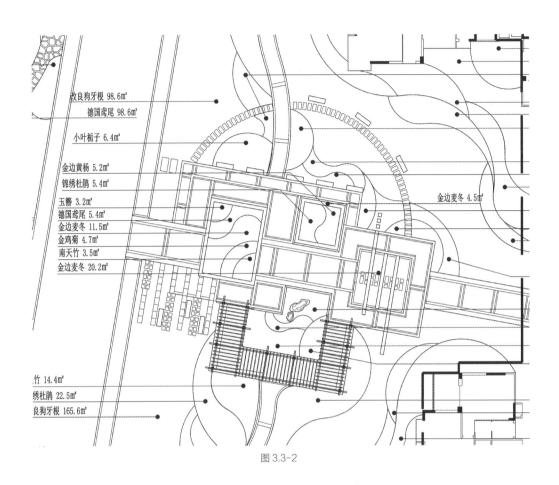

德国鸢尾 98.6㎡

改良狗牙根 98.6㎡

小叶栀子 6.4㎡

金边黄杨 5.2㎡
锦绣杜鹃 5.4㎡
玉簪 3.2㎡
德国鸢尾 5.4㎡
金边麦冬 11.5㎡
金鸡菊 4.7㎡
南天竹 3.5㎡
金边麦冬 20.2㎡

金边麦冬 4.5㎡

竹 14.4㎡
绣杜鹃 22.5㎡
良狗牙根 165.6㎡

图 3.3-2

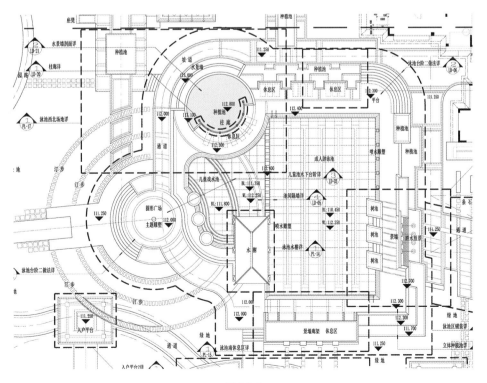

图 3.3-3

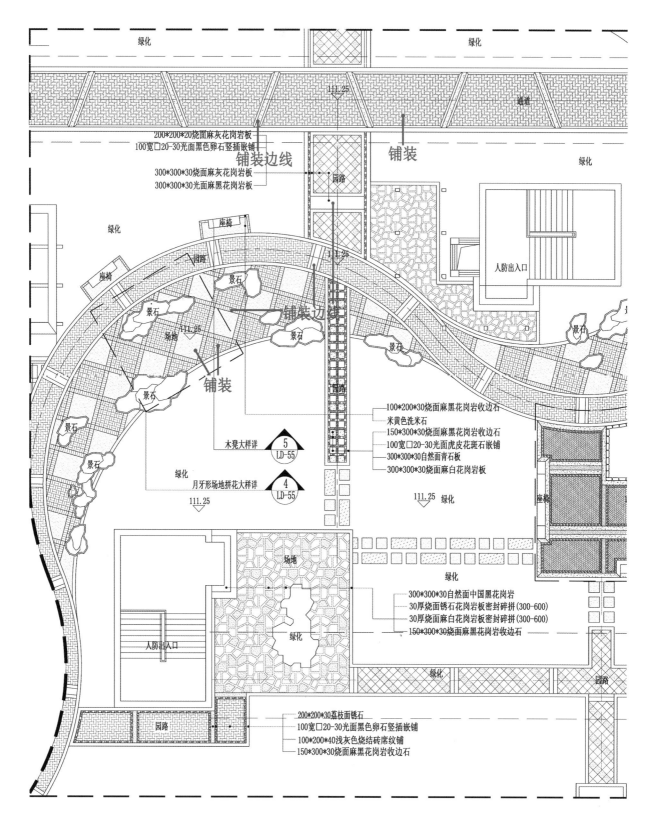

图3.3-4

（5）标注园林景观建筑、小品的主要控制标高，如亭、台、榭、廊标 ±0.00 设计标高，台阶、挡土墙、景墙等标

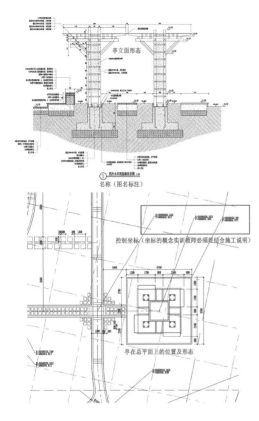

图 3.3-5

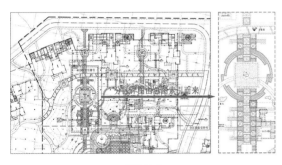

图 3.3-6

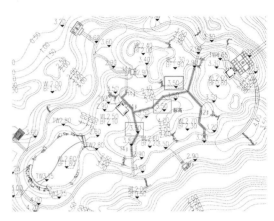

图 3.3-7

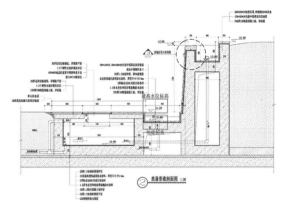

图 3.3-8

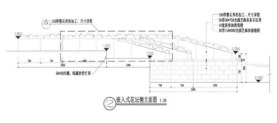

图 3.3-9

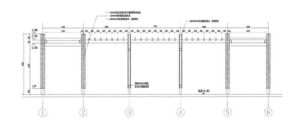

图 3.3-10

（1）同 3.3.3.3 条第一款中 1~10 项内容。

与园林景观设计相关的建筑物一层室内 ±0.00 设计标高（相当于绝对标高值）及建筑四角散水底设计标高。（建筑略，教师课堂演示）

（2）场地内车行道路中心线交叉点设计标高。（图 3.3-7）

（3）自然水系常年最高、最低水位。人工水景最高水位及水底设计标高，旱喷泉、地面标高。（图 3.3-8）

（4）人工地形形状设计标高（最高、最低）、范围（宜用设计等高线表示高差）。（图 3.3-9）

顶、底设计标高。（图3.3-10）

（6）主要景点的控制标高（如下沉广场的最低标高，台地的最高、最低标高等）及主要铺装面控制标高。（略）

（7）场地地面的排水方向，雨水井或集水井位置。（图3.3-11）

（8）根据工程需要，做场地设计剖面图，并标明剖线位置、变坡点的设计标高，土方量计算。

（9）图纸上的说明：①设计依据；②尺寸单位等。

3. 种植总平面图

（1）场地范围内的各种种植类别、位置，以图例或文字标注等方式区别乔木、灌木、常绿落叶等。（图3.3-12）

（2）苗木表：乔木重点标明名称（中文名及拉丁名）、树高、胸径、定杆高度、冠幅、数量等，灌木、树篱可按高度、棵数与行数计算、修剪高度等，草坪标注面积、范围，水生植物标注名称、数量。（图3.3-13）

4. 平面分区图

在总平面图上表述分区及区号、分区索引。分区应明

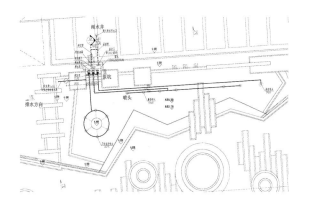

图 3.3-11

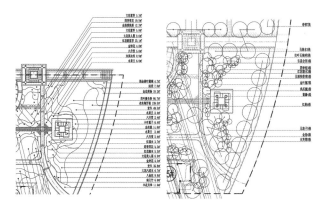

图 3.3-12

萍乡市凤凰山庄五期（凤凰天成）景观苗木工程量统计表							
乔木部分							
序号	名称	胸径(cm)	高度(cm)	冠幅(cm)	单位	数量	备注
1	大香樟	20-22			株	9	蓬形圆整优美，全冠种苗，木棍四角支撑
2	香樟	13-15			株	42	蓬形圆整优美，全冠种苗，木棍四角支撑
3	广玉兰	13-15			株	9	蓬形圆整优美，全冠种苗，木棍四角支撑
4	杜英	12-15			株	47	自然树形，蓬形完整，全冠种苗，四脚木桩支撑
5	乐昌含笑	10-12			株	31	自然树形，冠形完整，四脚木桩支撑
6	金桂	13-15	>300	350-400	株	29	自然树形，冠形完整，优美
7	香橼	13-15			株	7	自然树形，冠形完整，全冠种苗，四脚木桩支撑
8	四季桂	d7.1-8		150-200	株	66	自然树形，冠形完整
9	石楠	d10.1-12	>200	250-300	株	17	自然树形，冠形完整，优美
10	罗汉松				株		
11	金合欢	15-17			株	11	列植，分支高于2.2米，木棍三角撑
12	无患子	13-15			株	12	树干通直，不得用截干苗，木桩扁担撑
13	栾树	13-15			按	11	蓬形圆整优美，全冠种苗，木棍四角支撑
14	白玉兰	13-15			株	6	树干通直，不得用截干苗，木桩扁担撑
15	乌桕	13-15			株	11	自然树形，冠形完整，全冠种苗，四脚木桩支撑
16	大银杏	12-15			株	11	实生苗，树身通直，分枝点高2米以上，树棍三角支撑
17	千头椿	13-15			株	15	自然树形，冠形完整，全冠种苗，四脚木桩支撑
18	马褂木	13-15			株	22	自然树形，冠形完整，全冠种苗，四脚木桩支撑
19	金丝垂柳	15-17			株	4	树形完整
20	黄连木	13-15			株	4	自然树形，冠形完整，全冠种苗，四脚木桩支撑
21	朴树	15-17			株	3	自然树形，树身通直，冠形完整，全冠种苗，四脚木桩支撑
22	榉树	15-17			株	27	分支点>3米，树身通直，枝形优美，草绳绕干，全冠种苗
23	红枫	d6.1-7			株	9	三季红，枝形优美
24	青枫	d6.1-7			株	8	树形，优美
25	紫玉兰	10-12	>250		株	17	树形尽量统一
26	垂丝海棠	d7.1-8			株	18	分支点高<60，姿态优美
27	早樱	10-12			株	9	自然树形，蓬形完整，重瓣，粉花，四脚木桩支撑
28	晚樱	8-10			株	42	自然树形，冠形完整，重瓣，粉花，四脚木桩支撑
29	红叶李	6.1-8			株	20	低分枝，姿态优美
30	紫荆	d7.1-8			株	23	不截干，低分枝，冠形完整
31	紫薇	d7.1-8			株	28	红花，不截干，低分枝，木棍扁担撑
32	紫叶桃	10-12			株	14	树形完整
33	木槿	d5.1-6	70-80		株	16	树形完整
34	山茶	d5.1-6			株	16	树形完整，优美
35	榆叶梅	d7-8	70-80		株	16	树形完整，优美
36	鸡爪槭				株	7	蓬形圆整优美，木桩扁担撑
37	木本绣球	d5.1-6			株	9	树形完整，优美
38	美人梅	d7.1-8			株	9	树形完整
39	金叶榆	d5.1-6		181-200	株	16	树形完整，优美
40	木芙蓉	d5.1-6		181-200	株	16	树形完整，优美
41	石榴				株		
42	枇杷				株	6	树形完整，优美
43	火棘球			p101-120	株	22	独球，蓬形圆整、球形饱满、不脱脚
44	金叶女贞球			p101-120	株	29	独球，蓬形圆整、球形饱满、不脱脚
45	红叶石楠球			p121-150	株	59	独球，蓬形圆整、球形饱满、不脱脚
46	红花继木球			p121-150	株	38	独球，蓬形圆整、球形饱满、不脱脚
47	海桐球			p121-150	株	21	独球，蓬形圆整、球形饱满、不脱脚
48	毛鹃球			p101-120	株	20	独球，蓬形圆整、球形饱满、不脱脚
49	无刺枸骨球			p101-120	株	27	独球，蓬形圆整、球形饱满、不脱脚
50	紫藤				株	4	
51	凌霄				株	7	

萍乡市凤凰山庄六期（凤凰天成）景观苗木工程量统计表							
灌木地被部分							
序号	名称	胸径(cm)	高度(cm)	蓬径(cm)	单位	数量	备注
1	八角金盘		50-70	40-50	m²	21	30株/m²
2	南天竹		50-60	41-50	m²	18	丛植，紧凑，60株/m²
3	红叶石楠		30-40	31-40	m²	24	50株/m²
4	红花继木		50-60	31-40	m²	27	三季红，25株/m²
5	金叶女贞		50-60	31-40	m²	32	50株/m²
6	金边黄杨		30-40	31-40	m²	20	80株/m²
7	洒金桃叶珊瑚		60-80	41-50	m²	19	50株/m²
8	金丝桃		31-40	31-40	m²	38	36株/m²
9	锦绣杜鹃		40-50	41-50	m²	65	50株/m²
10	小叶栀子		40-50	41-50	m²	25	50株/m²
11	水果兰		50-60	51-60	m²	49	80株/m²
12	法国冬青		40-50		m²	11	80株/m²
13	六月雪				m²	23	80株/m²
14	双荚决明		30-40	31-40	m²	41	80株/m²
15	丰花月季		50-60	31-40	m²	24	49株/m²
16	八仙花		25-30	15-20	m²	22	50株/m²
17	金焰绣线菊				m²	23	80株/m²
18	金钟花				m²	22	80株/m²
19	结香		50-60	51-60	m²	13	80株/m²
20	红瑞木		60-80		m²	17	50株/m²，3-4分枝
21	大花美人蕉		60-80	51-60	m²	26	20株/m²
22	大花萱草				m²	26	80株/m²
23	红花酢浆草				m²	89	满种
24	花叶蔓长春				m²	67	50株/m²
25	四季草花				m²	20	80株/m²
26	大花六道木				m²	14	80株/m²
27	麦冬				m²	123	不带土3kg/m²，辮碎种植，81丛/m²
28	紫菀				m²	17	80株/m²
29	花叶燕麦草				m²	30	30X30cm 矩阵种植
30	美女樱				m²	34	80株/m²
31	爬山虎				m²	4.8	满种
32	葱兰石蒜混播				m²	44	满种
33	改良狗牙根				m²	222	50株/m²，两年生

图 3.3-13

确，不宜重叠，用方格网定位放大时，标明方格网基准点位置坐标、网格间距尺寸、指北针（风玫瑰）、比例尺。

5. 各分区放大平面图

常用比例 1:100~1:200，表示各类景点定位及设计标高，标明分区网格数据及相对尺寸定位，以下是定位原则。（图 3.3-14 a、b、c、d、e）

（1）亭、榭一般以轴线定位，标注轴线交叉点坐标；（图 3.3-14 a）

（2）柱以中心定位，标注中心坐标；（图 3.3-14 b）

（3）人工湖不规则形状以外轮廓定位，在网格上标注尺寸；（可以使用网格标注尺寸，常见于标注详细尺寸，图 3.3-14 c）

（4）水池规则形状以中心点和转折点定位标注坐标或相对尺寸，不规则形状以外轮廓定位，在网格上标注尺寸；（图 3.3-14 d）

（5）铺装规则形状以中心点和转折点定位标注坐标

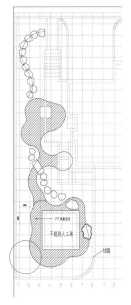

图 3.3-14 c

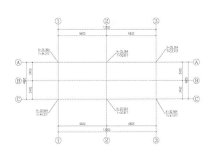

图 3.3-14 a

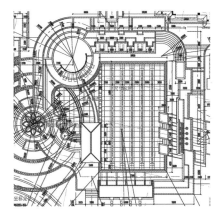

图 3.3-14 d

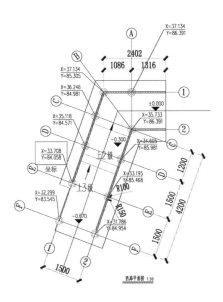

图 3.3-14 b

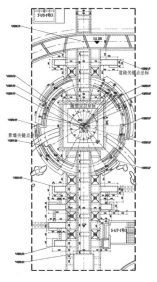

图 3.3-14 e

或相对尺寸，不规则形状以外轮廓定位，在网格上标注尺寸；（图 3.3-14 e）

（6）雕塑以中心点定位，标中心点坐标或相对尺寸；（可由雕塑单位二次深化）（图 3.3-14 e）

（7）其他均在网格上标注定位尺寸。

6. 详图

（1）种植详图：1）植栽详图；2）植栽设施详图（如树池、护盖、树穴、鱼鳞穴等）平面、节点材料做法详图；3）屋顶种植图，常用比例 1:20~1:100。

1）屋顶种植中，平面图应表示建筑物幢号、层数，屋顶平面绘出分水线、汇水线、坡向、坡度、雨水口位置以及屋面上的建构筑物、设备、设施等位置、尺寸，并标出各建构筑物顶面绝对标高，各类种植位置、尺寸及详图，视工程复杂程度可单独出图。

2）剖面图表示覆土厚度、坡度、坡向、排水及防水处理，植物防风固根处理等特殊保护措施及详图索引。（详图参见光盘中本章《种植屋面工程技术规程》）

（2）水景详图，常用比例 1:10~1:100。

1）人工水体：剖面图，表示各类驳岸构造、材料、做法（湖底构造、材料做法）；

2）各类水池详图，平、立、剖；（图 3.3-15）

平面图：表示定位、细部尺寸、水循环系统构筑物位置尺寸、剖切位置、详图索引；

立面图：水池立面细部尺寸、高度、形式、装饰纹样、详图索引；

剖面图：表示水深、池壁、池底构造材料做法，节点详图；

其中：喷水池表示喷水形状、高度、数量；种植池表示培养土范围、组成、高度、水生植物种类、水深要求；养鱼池表示不同鱼种水深要求。

3）溪流；

平面图：表示源、尾，以网格尺寸定位，标明不同宽度、坡向；剖切位置，索引；

剖面图：溪流坡向、坡度、底、壁等构造材料做法、高差变化、详图。

4）跌水、瀑布等；

① 平面图：表示形状、细部尺寸、落水位置、形式、水循环系统构筑物位置尺寸，剖切位置，详图索引；

② 立面图：形状、宽度、高度、水流界面细部纹样、落水细部、详图索引；

③ 剖面图：跌水高度、极差，水流界面构造、材料、做法、节点详图索引。

5）旱喷泉；

平面图：定位坐标、铺装范围；剖切位置，详图索引；

立面图：喷射形式、范围、高度；

剖面图：铺装材料、构造做法（地下设施）、详图索引及节点。

（3）铺装详图：各类广场、活动场地等不同铺装分别表示。

1）平面图：铺装纹样放大细部尺寸，标注材料、色彩、剖切位置、详图索引；

2）构造详图。

（4）景观建筑、小品详图。

1）亭、榭、廊、膜结构等有遮蔽顶盖和交往空间的景观建筑；（图 3.3-16 以榭为例）

平面图：表示承重墙、柱及其轴线（注明标高）、轴线编号、轴线间尺寸（柱距）、总尺寸、外墙或柱壁与轴线关系尺寸及与其相关的坡道散水、台阶等尺寸、剖面位置、详图索引及节点详图；

顶视平面图：详图索引；

立面图：立面外轮廓，各部位形状花饰，高度尺寸及标高，各部位构造部件（如雨棚、挑台、栏杆、坡道、台阶、落水管等）尺寸、材料、颜色，剖切位置、详图索引及节点详图；

剖面图：单体剖面、墙、柱、轴线及编号，各部位高度或标高，构造做法、详图索引。

2）景观小品，如墙、台、架、桥、栏杆、花坛、座椅等；（图 3.3-17 以景墙为例）

平面图：平面尺寸及细部尺寸；剖切位置，详图索引；

立面图：式样高度、材料、颜色、详图索引；

剖面图：构造做法、节点详图。

7. 施工图纸设计原则——硬质

（1）总体设计原则

1）项目中有建筑与地形高差的施工图设计时，应做好与建筑设计院的有效沟通与合作，配合设计建筑立面的风格、土方工程量、护坡工程、基础处理等提出合理化建议；

2）设计造价，有条件的设计项目必须将工程造价控制在甲方给定的预算范围之内，因地制宜，充分考虑基地所在地域的立地条件、实际情况。充分考虑当地的适生植物种类、当地材料供应、施工水平等因素。不提倡使用选

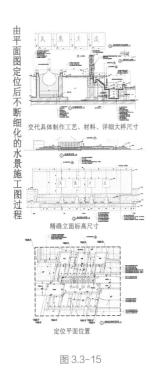

由平面图定位后不断细化的水景施工图过程

交代具体制作工艺、材料、详细大样尺寸

精确立面标高尺寸

定位平面位置

图 3.3-15

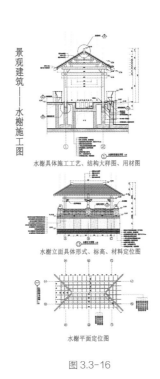

景观建筑——水榭施工图

水榭具体施工工艺、结构大样图、用材图

水榭立面具体形式、标高、材料定位图

水榭平面定位图

图 3.3-16

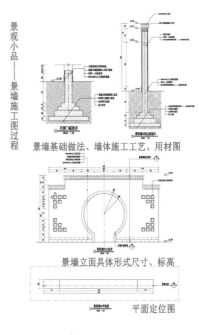

景观小品——景墙施工图过程

景墙基础做法、墙体施工工艺、用材图

景墙立面具体形式尺寸、标高

平面定位图

图 3.3-17

用过多价格昂贵的装饰材料及过于烦琐的施工工艺。处理地形时能不用挡土墙的就尽量避免使用。应该通过景观设计讨论解决基地高差的方法，巧妙地规避挡土墙，以减少工程造价。

（2）基地竖向施工图设计原则

1）应对未来建成的基地景观有明确的理解。掌握宏观的景观方向，非山地项目的原基地地形应当尽量利用，减少土地及景观资源的消耗与浪费，减少造价；山地项目的原始地形、地貌在设计过程中改动的，要在现状的基础之上作为景观竖向设计和施工组织方案的条件，并作设计跟进，修改。

2）山地项目的景观竖向设计应该与基地内有建筑设计的同步协调。

3）竖向设计要综合考虑基地内的土方平衡，提供边坡支护方案，并考虑建筑与道理的关系，结合室外管线设

计标高、坡向综合考虑。

（3）道路施工图设计原则

1）道路的导向性功能。通过不同道路的尺度、路面的材质、色彩、铺砌方式来强调道路的等级。（图 3.3-18 a、b、c）

2）道路的景观功能。有条件的基地道路两侧设置多层次的绿化带，有条件的道路交叉口设置交通绿岛，其内设置景观小品与绿化配合，引导视线，形成焦点。

3）道路便捷的连通性功能。道路等级较低的休闲性人行步道、园林道路，应该穿插景观构筑物、小品。运用道路的串联建立层层递进有序的观赏路径。

4）道路分项内容：① 各道路分项设计要点、技术要求；② 部分道路材料；③ 部分标准道路断面图解及道路坡度；④ 部分基础设施如道牙、边沟、路障、车挡；⑤ 入口装置。

（4）硬质元素景观设计原则

图 3.3-18 a

图 3.3-18 b

图 3.3-18 c

树池

1）树池基本设计原则与技术要点：树池深度至少深于树球 250mm，保护树池面层的箅子应该选择透水性好的石材或鹅卵石、砾石等材料，也可选择具有图案拼装的人工预制材料，如铸铁、混凝土、塑料等保护树池的面层。材料的拼装应设计成格栅状，易于植物的生长。停车场的箅子材料选择上应考虑荷载抗压性。（图 3.3-19）

2）水中树池技术要点：水中树池设计应考虑防水处理，选择的植物种类应有一定的耐水性，（乔木如枫杨、无患子、水杉等；灌木如迎春、海棠花等；地被如玉簪、白三叶等。）除了耐水性，树池的尺寸较之平地陆面树池要略大，视具体情况定夺（景观的要求与植物的种类）宽度一般可为 1.5—3m 之间。（图 3.3-20）

3）平地树池技术要点：① 树池表面覆盖物箅子下，覆土表面可以选用卵石、木屑、碎石、树皮、陶粒作为覆盖。能够起到保水、清洁、美观的作用。② 附着功能的设置，根据设计的需要或地表图层低于种植的需求，就会出现高于平地树池的可能。在这种情况下，按照设计考虑结合座椅搭配树池，完善树池的功能性，也可以结合创意性设计的座椅加强其美观性。③ 高树池植物基部结合地被、灌木

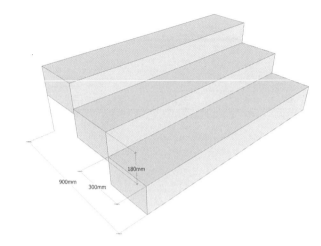

图 3.3-21 b

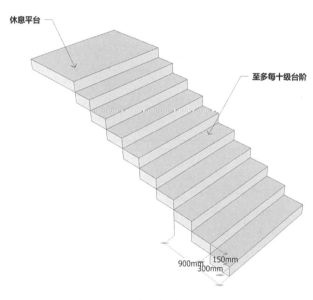

图 3.3-22

图 3.3-19　　　　　　　　图 3.3-20

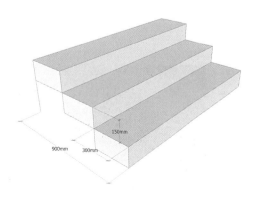

图 3.3-21 a

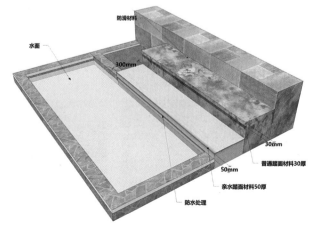

图 3.3-23

图 3.3-24 a、b、c、d

种植。避免裸露的覆土受雨、水冲刷，如基部无植物也可以结合其他透水粒状材料。

台阶

1）尺寸与设置，室外台阶一般情况下，每级高度不超过150mm，踏步的适宜进深为350mm。（图3.3-21 a）如遇到山体竖向排布台阶不够和需要展示山高路远的体验时，不排除适当增加每级的高度，减少每级进深的可能性。例如，山体设计在尽量不破坏土方的前提下，经过计算，高程A点与B点径向距离为3500mm，可安排十个阶梯，高程上升1.5m。但点A标高与点B高程相差为1.7m，根据此情况，在不增加踏步高度基础上减少踏步进深。（图3.3-21 b）

2）设置多级台阶时，在台阶投影3m范围内（投影距离3m即步行10步之内）应该设置供人休息的缓冲平台，缓冲平台进深一般不应小于1000mm。（图3.3-22）

3）台阶的材料与照明，台阶处照明建议采用侧壁灯，或安放在两侧的草坪中，不宜安放在台阶正垂直面处，避免加重施工工艺，垂直面照明受损。如台阶宽度过宽而导致照明不足的可以增加垂直面的照明，台阶的材质选用防滑材质，选择石材的表面进行防滑处理，避免照明时反光，增加安全性。如遇到亲水台阶时，应增加踏面的厚度，增加防水处理。（图3.3-23）

围墙

（以小区为例）小区内在沿路设置围墙时，为了确保道路周边的景观效果，适当在围墙周边设置绿化。景观节点区域如需设置景墙时，可以和方案设计师讨论造型的合理性，选择与基地整体相配合的材质进行设计。（图3.3-24 a、b、c、d）

1）小区级围墙：设计上首先考虑安全性，围墙造型应防止人员攀缘，其次是造型美观，适当运用通透性的处理缓解周围林立建筑所带来的压迫感。（图3.3-24 a）小区级围墙有一定的展示性，设计时可以结合绿化与照明，功能性措施、安防设施的安装如岗亭（设计参考小区物业的意见）。最后在制图时注意围墙的基础与构筑物超出建筑红线。

2）组团级围墙：设计上组团围墙用以界定管理范围，围墙高度不宜过高，通透性要强，以增强与外界的视觉交流，加强区域的整体感，并结合照明，方便安防设施的放

置。（图3.3-24 b）

3）私家庭院围墙：设计上主要有划分私有空间的作用。围墙高度不宜过高，设计形式建议使用硬质与植物材料结合构筑。功能上可满足信报奶箱、门铃、宠物栓系等元素的放置，多雪地带，应考虑雪的荷载。实际庭院景观设计中，应听取私家庭院业主及物业管理的意见，统筹设计。（图3.3-24 c）

4）景墙：设计上主要以丰富景观层次、屏蔽不良视景的作用。和方案设计师讨论景墙的最终形式与材质组成，高度宜在1.5m—2.5m，厚度宜在200mm。（图3.3-24 d）

5）硬质区域景观设计原则：① 健身场所设计原则；② 休闲场所设计原则；③ 儿童游乐设施设计原则。（见微信号本书资料中本章节电子文档）

（5）硬质元素景观技术要求

硬质材料技术要求节选：（图3.3-25 a、b、c、d、e、f）

1）花岗岩、陶砖：可以用作人行道铺装，景墙压顶经济型、（在制图中应根据景墙实际的厚度与效果决定压顶的厚度与具体材质）墙面、花池贴面、楼梯贴面建议20mm厚，用作花池、泳池、楼梯踏面建议30mm厚，需要载重的车行道建议50mm厚；（图3.3-25 a）

2）文化石：可以用作人行道铺装、景墙压顶（同上）、墙面、花池贴面建议30mm厚；（图3.3-25 b）

3）青石板：用作人行道铺装、景墙压顶（同上）、墙面、花池贴面建议20mm厚；（八五砖与九五砖）（同上）

4）木材：用作铺装30—50mm厚，木材选择一般有防腐木及塑木；（图3.3-25 c）

5）鹅卵石：用作铺贴，鹅卵石直径建议为40—80mm；用作水池底部散落鹅卵石建议为60—120mm；（图3.3-25 d）

6）水泥砖：用作人行道铺装230*115*50—60mm厚；用作车行道铺装230*115*60mm厚；

7）马赛克、瓷片：马赛克常规尺寸可用于泳池面层25*25mm，瓷片尺寸100*100mm—150mm*150mm；（图3.3-25 e）

8）橡胶地垫：用作人行过街天桥、体育场所地面的铺装，图案可自行设计，厚度为30—50mm厚，由于橡胶垫厚度40mm以上重量较大，可以直接铺砌（不用胶水）在比较平整的地面（地面可为土质地面即不做砼基础）；（图3.3-25 f）

9）钢材：（具体见微信号本书资料本章材料列表）

车行道路技术要求节选。（具体见微信号本书资料《万科景观标准化成果——道路》

水景技术要求节选：（图3.3-26 a、b、c、d、e）

水景施工图注意事项若干：1）可涉入性水景的水深≯0.25m，池底应做防滑处理，用来防止儿童溺水；（图3.3-26 a）2）浅水中布置的石块（汀步），踏面面积不小于400*400mm，并应该满足连续跨越的要求，石块、石板中心线间距建议为50mm；（图3.3-26 b）

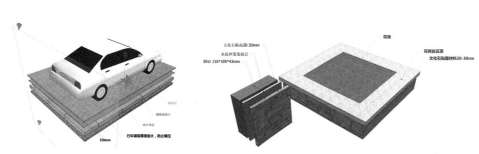

图3.3-25 a

图3.3-25 b

图3.3-25 c

图3.3-25 d

图3.3-25 e

图3.3-25 f

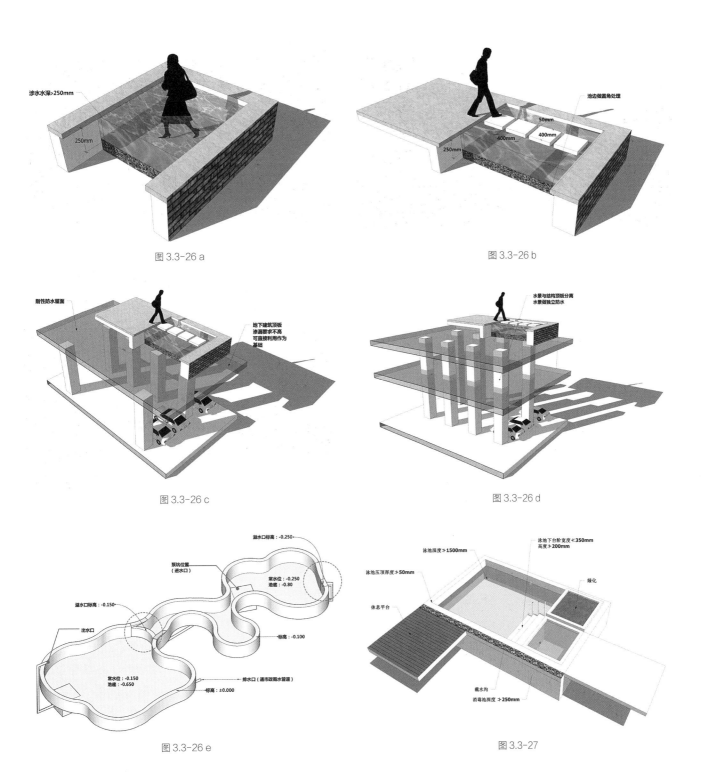

图 3.3-26 a

图 3.3-26 b

图 3.3-26 c

图 3.3-26 d

图 3.3-26 e

图 3.3-27

3）池岸必须做圆角处理，铺设软质渗水材质或做防滑处理；（图 3.3-26 c）4）水景下如有地下建筑且对渗漏要求不高的情况，可以直接使用地下建筑顶板作为水景的基础底板，如地下建筑对渗漏要求高时，水景结构应该自成体系，与结构板脱离，内部进行防水，结构找坡 1% 坡向泄水口；

（图 3.3-26 d）5）水景需要设置可靠的自动补水装置和溢流管路。（图 3.3-26 e）

娱乐性游泳池技术要求节选：（图 3.3-27）

1）游泳池为钢筋混凝土自防水结构，泳池一般的人员流线为更衣室—淋浴—洗脚池—游泳池。通往游泳池走

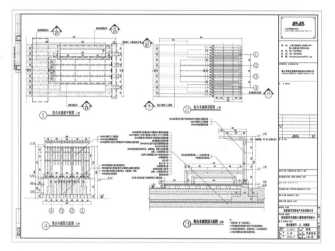

图 3.3-28 a、b、c、d

道中间应强制通过消毒池（池长≮2m，宽度可为一般走道宽度，深度为 0.25m），消毒水每四小时更换一次。2）泳池最深处水深不应超过 1.5m。3）休息平台与泳池边界处，考虑设计截水沟，避免雨水、污水流入泳池。4）泳池压顶可采用花岗岩材质，厚度视具体设计定，一般≯50mm。5）泳池池壁、池底交界处阴角，台阶阴角需要圆角处理。6）游泳池下台阶宽度≮350mm，高度≯200mm，儿童游泳池台阶高度以 100mm 为宜。台阶设置扶手，扶手可使用 φ50*3mm 不锈钢管，扶手高度 900mm，扶手安装采用预埋件安装。

景观构筑物节选：（图 3.3-28 a、b、c、d）

1）亭：首先亭的施工图设计应和方案设计师确定形式、风格与材质。接下来控制亭檐口的标高，按照普通的休闲停驻功能宜在 2.4m 左右，宽度在 2.4m—3.6m 之间，立柱间距宜在 1.8m—3m，在这个尺度控制下，可以设计出多样的亭样式。（图 3.3-28 a）2）廊：现代造园活动中，廊架的形式多样，服务内容多变。在施工图设计时，首先

要吃透方案，接下来应该要根据人的尺度比例关系加以控制，避免过宽过高造成视觉上的审美失调。一般高度宜在 2.2m—2.5m，宽度宜在 1.8m—2.5m。另外，建筑间的连廊尺度控制必须与主体建筑相适应。廊柱与横架必须采用有效的连接方式，牢固连接，达到一定的强度，以具备防风能力。廊架的基础做法应参考所设计的地上形式制作。3）花架：花架的高度宜在 2.2m—2.5m，宽度宜在 2.5m—4m，长度宜在 5m—10m，立柱间距宜在 2.4m—2.7m，花架四方柱截面应考虑倒角处理。如果考虑植物攀爬花架，则需要有相应攀缘植物的设计如凌霄、三角梅等，并且在施工图中预留足够的种植空间，写明花架与攀缘植物的维护保养说明。4）桥：详见第三章规范内容。（具体尺寸不必拘泥于规范要求，应结合实际需要灵活运用）

8. 施工图纸设计原则——植物以居住区绿地为例（参考见《万科景观施工图审图要点汇总》）

（1）施工图设计的基本要求：1）植物配置要有足够的层次，除了特殊要求外，一般要设计大乔木，小乔木，

花灌木，修剪球类、地被植物，草坪等五个层次。2）基地内绿地率应达到国家规范要求，新建基地不少于30%、旧区改建不少于25%。3）除了项目任务书中规定需要设计为欧式几何植物图案外，一般不采用这种设计成果，提倡自然式种植，以显示居住区内的生态性。4）充分契合、发挥植物的各种功能及观赏特点，合理配置。如植物的遮阳、屏蔽作用、观叶、观形、闻香等。常绿与落叶相结合，力求冬季保证阳光充足，也可保证四季见绿的特征，并且林下灌木以常绿为主，避免冬季无衔接层次。草坪应混播越冬草籽。速生与慢生相结合。5）吃透施工图基础性图纸，注重排布植物的位置不能影响室内的采光通风和其他设施的管理与维护。6）在设计美学的法则基础上，进行植物的配置设计，力求多样性统一。7）灌木配置注意苗木规格，一般为从低到高进行配置，林下植物还需要考虑植物的耐阴性。

（2）植物选用要求：1）选用的植物类型应适应本地气候与土壤，多选择本地生植物或易于得到的植物，以控制成本。2）选用的植物类型以无须修剪和易于修剪的植物为主，以降低甲方后期维护的成本。3）选择不宜感染病虫害的植物，选用植物无毒无刺鼻气味，如果所用的植物有落刺、落果的，应将其尽量配置在人员不易接近的地方。4）基地内的原有植物要予以保留，原有植物的定位、实际蓬径应在施工图上有所标识。

（3）选用植物的间距：1）地下管线的位置合理避开配置；2）建筑物与构筑物的位置。（参见微信号本书资料）

小结：以上的内容简述了景观施工图制作的总体原则与部分技术手段。景观施工图纸是用作施工组织的重要文件，是将方案设计进行经济性、合理性、可操作性的再次思考并予以实现，更具理性。文中关于施工图总体原则的文字请同学们认真阅读并记忆，这对今后在工作中遇见的施工图绘制"错、漏、碰、缺"的部分有较好的指导性作用。文中所列举的项目案例及技术手段仅作为局限的规范参考，部分不适宜作为通用施工图，具体的施工图绘制还是要站在具体方案设计基础上合理操作。在平时，同学们一是要勤读国家规范（在第三章会部分收录），二是要参照所在公司的制图习惯去绘制，"多问、多听、多做"，以免与其他专业协调不畅。下一节中将继续完善上一节中所绘制的方案，进行施工图制作，主要为施工图纸，同学们可以参照本节中的文字配合使用。

本节部分名词解释：

（1）总平面图与施工总平面图：总平面图亦可称作"总体布置图"，按一般规定比例绘制，表示出建筑物、构筑物的方位、间距，以及道路网、绿化、竖向布置和基地临界情况等，图上规定应有指北针或风玫瑰。施工总平面图是指导现场施工的总体布置图，施工总平面是施工组织设计的重要组成部分，它把拟建项目组织施工的主要活动描绘在一张总图上，作为现场平面管理的依据，实现施工组织设计平面规划。

（2）风玫瑰：在极坐标底图上绘制的某一地区在某一时段内各风向出现的频率或各风向的平均风速的统计图。前者为"风向风玫瑰"，后者为"风速风玫瑰"。是景观设计中微气候分析参照的标准。

（3）分区总平面图：由于项目基地范围大、设计内容多，若不能在一张总平面中说明全部问题的，需要将基地分割成若干个区域，分区域将内容表达出来，一般在分区总图的边角处需要说明索引内容。

（4）网格放线图：根据实际设计如在CAD中建立10*10的网格，将其基准点固定。基准点常常以基地中固定不变的一点作为参考基准点，也可以借助坐标设置基准点。

（5）驳岸：建于水体与陆地交界处，运用工程措施加工河岸使其稳固，以避免遭受自然、人为因素的破坏，是保护河岸的措施。大体分为整体式和自然式两类。

（6）挡土墙：挡土墙是指支撑路基或山坡土体、防止填土或土体变形失稳的构筑物体。根据其刚度与位移方式不同，可分为刚性挡土墙、柔性挡土墙与临时支撑三类。

（7）护坡：护坡指的是为防止边坡受冲刷，在坡面上所进行的各种铺砌和栽植的统称。

（8）无障碍设施：无障碍设施是指保障残疾人、老年人、孕妇、儿童等社会成员通行安全和使用便利，在建设工程中配套建设的服务设施。（可参见GB50763-2012《无障碍设施设计规范》）

（9）道路边沟：指的是为汇集和排除陆面、路肩及边坡的流水，在路基两侧设置的水沟。边沟可与路缘石结合成一体。

（10）压顶：露天的墙顶上用砖、瓦、石料、混凝土等铸成的覆盖层，称作压顶，其作用是增强结构整体性，景观墙体的压顶亦注重美观性。

（11）人防设施：以人民防空工程为必要附属工程的建筑工程统称，多以地下车库为主要表现形式。

（12）经济技术指标：指国民经济各部门、企业、生产经营组织对各种设备、各种物资、各种资源利用状况及其结果的度量标准，是技术方案、技术措施、技术政策的经济效果数量反应。

居住区施工图示范案例：主要以一个分区作为案例展示，其余 CAD 图纸可见微信号本书资料本节内容中。

景观施工图阶段作业：作业分三个阶段三个项目循序进行，主要考查同学对于施工图制图流程的熟悉情况。实训教师应记录辅导每个流程节点，把握最主要的制图原则。将上一节的内容深化进施工图纸内。关于制图规范实训教师参考第三章制图规范对学生进行检查。

作业一内容及要求：别墅庭院设计

内容：参见本节施工图编制内容，根据具体项目可做增减。

要求：能够按照制图原则进行绘制；图纸制图规范正确（参见第五章制图知识规范）；施工图制图技术手段可灵活运用，可以使用通用图纸作为制图的参考，如园路、沥青道路、栏杆扶手、台阶等，其尺寸、材质应满足设计方案的诉求。

作业二内容及要求：居住区设计

内容要求同上。

作业三内容及要求：公园设计

内容要求同上。

本章小结

本章内容主要是对景观实训理论知识的回顾，同时，

这也是同学们本科阶段熟知的内容之一。本章中第一节内容，用了大量的文字及实例阐述了景观方案设计的流程及设计方法。景观方案设计门类庞杂，本节虽然仅仅列举带有局限性的案例，但是从流程框架上类比具有一定的代表性。同学们一方面可以从理解逻辑步骤出发，做衍生性的学习与工作；另一方面，应注重自身对于单个项目的具体研究工作，充分挖掘艺术设计生的特点，形成有效的理论去指导实践，也为今后形成自身的风格打下基础。第二节回顾的是景观施工图流程。施工图是方案与扩初设计后进行的可指导施工组织的图纸，也是景观项目重要的组成部分之一，简单来说，就是运用可获得的材料元素间的组合，实现方案设计成为客观实景。在本科阶段，同学们往往甚少接触到施工图的规范制作，通过本节的介绍和作业的完成，可以完善同学们的知识结构。在今后具体的工作中，不乏要有施工图的知识作为方案设计的支撑。也有的公司培养新人时，在第一年的见习期间训练的就是施工图的制作，逐渐转入方案组的做法，主要是为了在施工中完美体现设计的前期深化工作。

方案、扩初图（略）、施工图是设计师美丽的造景梦想逐渐完善与实现的过程，每一步骤都有其设计依据与技术手段，作为设计师一是要遵循同时也要树立自己的个性与特点。在各个阶段的理论知识清晰、完备的情况下，就可以进入到实际操作应用的阶段，在下一章节中，主要回顾景观工程设计中实际应用的知识。

第四章
景观专业实习、实训规范知识与习题

本章知识要点提要：

1. 景观设计中常用尺度的回顾，看看自身在设计时是否能够记忆与应用；

2. 景观设计中常见的国家建设规范的节选，通过案例结合练习，检查自身在设计中是否已经参照，并加以理解，灵活运用；

3. 景观设计中规范制图的应用，在制图过程中是否依据规范的方法进行制图。

本章学生参考资料：

1.《环境景观——室外工程细部构造》国标图集 03J012-1；中国建筑标准设计研究院

2.《环境景观——亭廊架之一》国标图集 04J012-3；中国建筑标准设计研究院

3.《环境景观——绿化种植设计》国标图集 03J012-2；中国建筑标准设计研究院

4.《公园设计规范》；CJJ48-92；中国建筑工业出版社

5.《城市居住区规划设计规范》；GB50180-93；中国建筑工业出版社

6.《城市道路绿化规划与设计规范》；CJJ75-97；中国建筑工业出版社

7.《城市绿地设计规范》；GB50420-2007；中国建筑工业出版社

8.《城市用地竖向规划规范》；CJJ83-99；中国建筑工业出版社

9.《种植屋面工程技术规程》；JGJ155-2007；中国建筑工业出版社

10.《无障碍设计规范》；GB50763-2012；中国建筑工业出版社

11.《建筑学场地设计》；闫寒；中国建筑工业出版社

注：以上书目的部分电子档收录在微信号本书资料中。

本章应该完成的阶段任务：

本章节应用内容应该与第二章节方案制图、施工图制图结合阅读，最后完成第二章项目作业。本章应该完成以下任务：

1. 阅读微信号本书资料中有关的国家规范内容，掌握常用的景观规范与尺度数据。

2. 能够运用相关国家规范内容，完成实习、实训作业中的基本设计内容。

4.1　景观工程消防规范

4.1.1　消防车道：火灾时供消防车通行的道路

消防车道尺寸的一般规定：消防车道不应小于4m，（规范中为不应小于3.5m，实际操作中以4m为限）消防车道转弯半径不应小于10m，重型消防车转弯半径不应小于12m，穿过建筑物门洞时其净高应满足消防车通过，不应小于4m，供消防车停车作业的场地、登高面坡度不应大于3%。（图4.1-1）

居住区：（图4.1-2 a、b、c、d、e）

1. 低层、多层、中高层住宅的居住区内宜设置消防车道，其转弯半径不应小于6m。高层住宅的周围应设有环形消防车道，其转弯半径不应小于12m，当设置有困难时，应至少沿住宅的一个长边设置消防车道。如果设计为尽端式消防车道，应设置不小于15m*15m的场地作为回车场地。（图4.1-2 a）

2. 联体的住宅群当一个方向的长度超过150m或总长

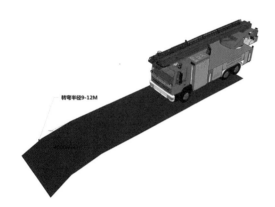

图4.1-1

图4.1-2 a

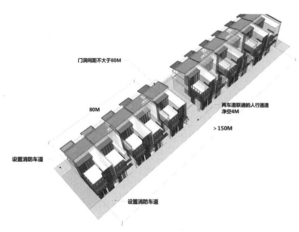

图4.1-2 b

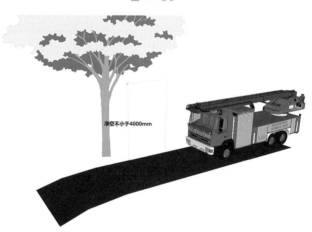

图4.1-2 c

图4.1-2 d

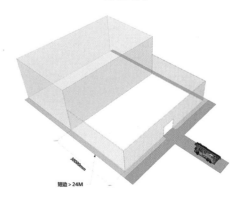

图4.1-2 e

度超过 220m 时，消防车道的设置应符合下列之一的规定：

1）消防车道应沿建筑的两个长边设置，消防车道旁应设置室外消火栓，且建筑应设置与两条车道相连通的人行通道（可利用楼梯间），之间间距不应大于 80m（图4.1-2 b）；

2）建筑的适中位置应设有穿过建筑的门洞，其净高、净宽不应小于 4m。（图 4.1-2 c）

3. 消防车道可以与周边景观相结合，建设成"隐形消防车道"。（图 4.1-2 d）

4. 建筑的内院或天井，当其短边长度 > 24m 时，宜设有进入内院或天井的消防车道。短边距离 > 24m 是方便消防车的掉头。（图 4.1-2 e）

公建：

1. 公建中，大于 3000 个座位的体育馆、大于 2000个座位的会堂和建筑占地面积大于 3000m² 的展览馆等公

共建筑宜设置环形消防车道；

2. 工厂、仓库区内应设置消防车道。对于建筑占地面积大于 3000m² 的甲、乙、丙类厂房或建筑占地面积大于1500m² 的乙、丙类物品仓库，宜设置环形消防车道。如有困难，可沿其两个长边设置消防车道。

4.1.2 消防登高面

消防登高面又称高层建筑消防登高面、消防平台，是登高消防车靠近主体建筑，开展消防车登高作业及消防员进入高层内部，抢救被困人员，扑救火灾的建筑立面。（图4.1-3）

4.1.3 消防登高场地（图 4.1-4）

1. 高层建筑应在消防登高面一侧，结合消防车道设置一处消防登高场地，以便消防车作业。每块消防登高场地面积不应小于 15*8m²。

2. 消防登高场地距高层的外墙不应小于 5m，大于15m。其最外一点至消防登高面的边缘，水平距离不应大于 10m。

3. 设有坡道的消防登高场地，其坡度不应大于 15°。

4. 利用市政道路作为消防登高场地，其绿化、架空线路、电车网架等设施不得影响消防车的停靠、操作。

5. 高层建筑的消防登高场地应避开地下管道、暗沟、水池、化粪池等影响消防车荷载的地下设施。在地下建筑上方设置消防登高场地，地下建筑楼板荷载的计算应考虑消防登高车的重量。

6. 高层建筑的消防登高场地的放置应结合建筑登高面设置，不应在大面积幕墙下设置登高场地。（设计不明确的应与建筑单位协调）

作业：消防车道与消防登高场地的制作

内容：

高层建筑消防车道、消防登高场地设计。（场地I、场地II）

要求：

1. 能够依据消防规范，消化、制作微信号本书资料内图纸内容。

2. 制作图纸能够吃透规范，消防登高场地选址正确，车道、登高场地造型合理，并能够融入景观中；能够解决高层建筑的消防问题。

作业讲解：

1. 场地I为高层住宅建筑，建筑风格为地中海式。不仅要满足消防车道、消防登高场地的规范，也要考虑其景

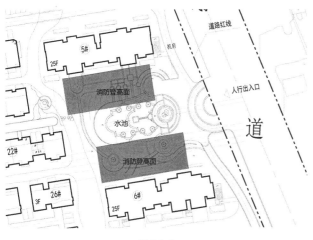

图 4.1-3

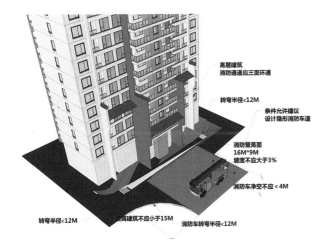

图 4.1-4

观可行性、方便车行道会车等综合因素。由于规范已规定其最小可获得的空间，根据 CAD 中的量度参考规范，能够满足基本的规范需求。因此，依据规范中的数据进行设计，用虚线表示出车道、登高面，以便于景观方案阶段的参照。

2.场地 II 为市中心一处五层公共建筑，占地面积大于3000m²，建筑内院短边距离大于24m，建筑物位于丁字道路交叉口，并已知场地内出入口位置。依据规范设置环形消防车道，建筑设有内院并且短边距离大于24m，设置进入内院的消防车道。将以上信息及其他车道信息根据规范用虚线表示。

4.2 景观工程停车场（库）规范

4.2.1 设置停车场（库）

（1）合理的服务半径：从停车场（库）到出行目的地的步行距离是泊车者要选择考虑的，泊车者都希望泊车后的步行距离越短越好。

（2）符合当地行政主管部门的规定：新建、扩建的居住区、公共建筑场地内应设置停车场，或在住宅建筑内附建停车库，每户机动车和非机动车停车位数量应符合规定。（一般在景观设计阶段，停车指标已经确定，不可随意增减停车位数量）

（3）停车场（库）产生的噪声和废气应进行处理，不得影响周围环境。绿化和停车场（库）布置不应影响集散空地的使用，且不应设置围墙、大门等障碍物。

（4）停车场（库）的防火要求。

1）停车场（库）防火分类与防火间距见表 4.2-1。

2）消防通道略。

（5）服务对象及服务半径。

1）停车场（库）的设置应结合城市规划布局和道路交通组织需要，根据服务对象的性质进行合理分布。

2）选择合适的服务半径：① 一般情况下，在不含城市主干道的区域内停车场（库）的服务半径不宜超过300m，即步行约5至7min，最大不应超过500m；

② 公用停车场（库）的停车区距离所服务的公共建筑出入口的距离宜采用50m—100m；③ 风景名胜区，当考虑到环境保护需要或受用地限制时，距主要入口可达150至200m。（图 4.2-1）

4.2.2 停车场（库）具体要求及参数

停车场（库）出入口（小型车停车）

（1）停车场（库）出入口参数：1）停车场（库）出入口不宜设在主干路上，可设在次干路或支路上并远离交叉口，其出入口距离交叉口必须 ≥ 80m；不得设在人行横道、公共交通停靠站以及桥隧引道处；其出入口距离人行过街天桥、地道和桥梁、隧道引道必须 ≥ 50m；2）停车场出入口数量应根据所规划停车数量成正比，车位数越多，出入口的数量也相应增加。一般来说汽车停车场车位指标大于50辆时，出入口应 ≥ 2 个；大于500辆时，出入口应 ≥ 3 个。3）出入口之间的净距离须 > 15m，出入口宽度双向行驶应 ≥ 7m，单向行驶应 ≥ 5m。（图 4.2-2 a）

（2）出口、入口相对位置：1）停车场（库）外的道

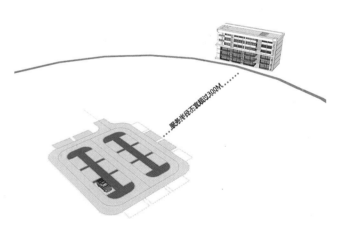

图 4.2-1

表 4.2-1

防火间距（m） 车库名称 和耐火等级		汽车库、修车库、厂房、库房、 民用建筑耐火等级		
		一、二级	三级	四级
汽车库	一、二级	10	12	14
修车库	三级	12	14	16
停车场		6	8	10

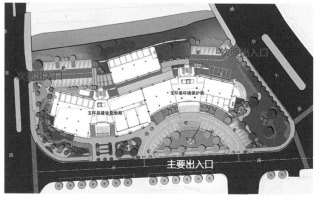

图 4.2-2 a

路为单向行驶时，停车场（库）出口、入口相对位置，以进、出车流不能交叉原则为准；（图4.2-2 b）当停车场（库）外的道路为双向行驶时，停车场（库）出口、入口相对位置设置，应遵循进、出车流不能交叉和右驶进出原则对于位于双向道路十字交叉口一角的停车场（库），如果其出入口分别朝向两个道路，那么应该以出入流线为顺时针原则来确定出、入口的位置。（图4.2-2 c）

（3）出入口的通视要求（图4.2-3 a、b）：1）在停车场（库）出入口，距离城市道路的规划红线应≥7.5m；2）停车场（库）的出入口应有良好的视野，使驾驶员能够对其出入口外道路上的交通情况有所判断，避免出现视觉盲点。出入口通视的要求，为在距出入口边线内2m处做视点的120°范围，在这个范围内至边线外7.5m以

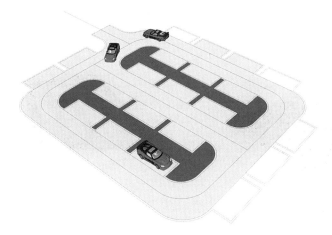

图4.2-2 b

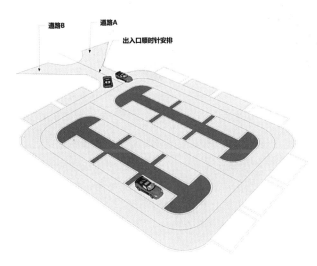

图4.2-2 c

上不应有遮挡视线障碍物；3）对于需要办理出入手续的，候车道的宽度应≥3m，候车道的长度≥2辆，每辆车的候车长度应以5m计算。（图4.2-4）

（4）汽车场内最小转弯半径：汽车最小转弯半径≠汽车环形车道的最小内半径，最小转弯半径根据车型分类参考数值见图4.2-5。

（5）停车场（库）停车、回转方式及安全停车间距。

1）停车方式：①垂直式停车；②平行式停车；③斜列式停车。（图4.2-6）

2）回转方式：汽车在道路末端或建筑前场地上时，要进行调转车头的动作。每个场地的条件不同，其回转方式也会有所不同。以下仅对主要的方式加以介绍。

①环形回转方式：环形回转是完全以汽车前行方式进行的汽车掉头动作。主要方式为：A. 中间进出口环形回转；B. 中间进出口大方形场地回转；C. 一侧进出口的环形回转；D. 一侧进出口的大方形场地回转。一般小型车的环道内边缘半径取5至6m。

②需要倒车的回转方式：汽车需要通过倒退的方式才能完成的汽车掉头动作。一般在场地比较紧张的情况下采用：A. T字形回转方式；B. L字形回转方式；C. O形回转方式。（图4.2-7 a、b、c）

4.2.3 停车场（库）车位布置

（1）停车场（库）的小型车车位：由于小型车车身较小，行驶较灵活，原则上采用垂直式停车方式。考虑到有特殊尺寸的小型车辆，在实际设计中，停车位尺寸可选择5.5m*2.8m，使得小型车的停放空间比较充裕。（国家规范中的最小停车位尺寸只是限制最低标准，并不是舒适标准）（图4.2-8）

（2）停车场中的大、中型车车位布置：停车场一般按照停放小型车的标准设计，但是，还有些场地需要考虑到大、中型车的停放问题，如风景区、高速路休息站、客运站等。大、中型车停车往往使用平行式与斜列式，垂直式停车方式并非大、中型车的首选。

（3）车位的组织：

1）环通式通车道（图4.2-9 a、b、c、d）：①当停车场（库）只有一个出口的时候，环通式通车道会产生回环的路径；（图4.2-9 a）②对于两个及两个以上的出入口的停车场（库），根据出入口位置布置不同，环通式通车道产生半回环的路径，或者以穿越的路径状态行车。（图4.2-9 b）环通式通车道应是停车场（库）内布置通车道设

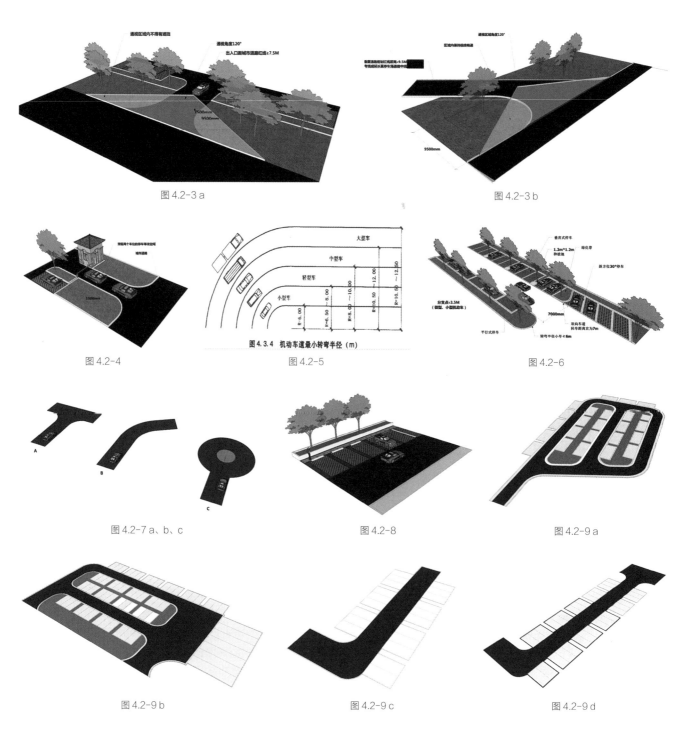

图 4.2-3 a

图 4.2-3 b

图 4.2-4

图 4.2-5

图 4.2-6

图 4.2-7 a、b、c

图 4.2-8

图 4.2-9 a

图 4.2-9 b

图 4.2-9 c

图 4.2-9 d

计时最佳的选择。

2）尽端式通车道：在某些特殊情况下，例如停车场（库）场地面积狭长或受场地特殊形式约束而必须采用尽端式通车道时，则应解决尽端式通车道尽端停车位的停放、出入问题。其次是无法避免的双向行驶所有可能造成的交通拥堵现象。两种可能的尽端式通车道设计：① 尽端式通车道的长度较短时，可要求驾驶员以倒车的状态进入

停车位。设计尽端车位时，宜增加 0.3m 的横向距离。（图4.2-9 c）② 尽端式通车道的长度较长时，应当在通车道末端设置汽车倒车空地，使汽车能够倒车入停车位。对于小型车倒车空地应考虑突出通车道末端一个车位的长度。（图4.2-9 d）

（4）小型车停车带参考规则：（图 4.2-10）1）一面停车带单位参考设计宽度为 13m+ 绿化带要求宽度，

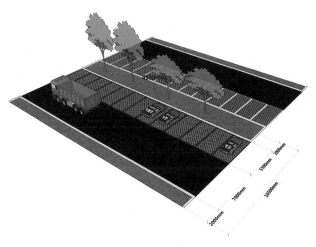

图 4.2-10

或以接近 15m 为准；2）两面停车带单位参考设计宽度为 19m＋ 绿化带要求宽度，或以接近 21m 为准。

（5）停车场（库）在总平面的位置：根据不同项目可获得的用地及当地政府要求，做具体考虑。尽量避免人车混行的状况。

4.2.4 停车场（库）其他设施

（1）停车场管理站房及智能管理。（见《建筑学场地设计》）

（2）停车场绿化景观：停车场绿化能够起到场内防晒、场内空气净化、防尘、防噪音的作用，有着实际的意义。

植物的分支点：停车场需要利用树冠大，枝叶茂盛的乔木来遮阳防晒。由于不同种类的汽车有不同的竖向高度。因此，树木分枝点有最低高度要求。1）微型和小型汽车分枝点为 2.5m，大、中型车分枝点为 3.5m，载货汽车分枝点为 4.5m。（图 4.2-11 a、b、c）植物种植带的尺度，设计停车场内绿化带、花坛形式、选用树种等具体内容时，应与停车场的容量、停车方式等综合考虑。2）在停车场内的高大乔木需要单独花坛设计时，要满足高大乔木的成活条件。条形花池宽为 1.5 至 2m，方形花池为 1.5 至 2m，圆形花池直径为 1.5 至 2m，便于浇水养护，使乔木根部能充分吸收到雨水。同时，最好能够使乔木树冠的滴水线位置落在花坛内部。树的株距为 5 至 6m 为宜。（以上得出数据可参见《城市绿化工程施工及验收规范》CJJ/T82-1999）（图 4.2-12 a、b）3）停车场与干道之间的绿化，在条件允许的情况下，采用乔木与灌木混合种植，起到隔离和遮护作用。灌木可种 1—2 行，高 1m，宽 1—

1.5m。

（3）停车带末端及拐弯处理：停车带末端一般设置为条状绿化带，对绿化带面向通车道的两个角进行圆角式处理，方便汽车进出，避免碾压边角，减少维护成本。在场地条件允许下，需要大转弯时最小圆角半径宜为 4.5m，需要小转弯时最小圆角半径宜为 1.5m。

（4）停车带配套考虑：1）为旅客准备的停车场，建议在停车位的后面留出 1.2m 装卸行李的空间；2）设置 10 至 15cm 宽线条标明停车位及车位号，或采用两条 13cm 宽，间距 46cm 的线条标志停车位，将停车位长度方向的 6m 长线条，在停车进入端用半圆弧连接，形成拉长的 U 形。（图 4.2-13）3）车轮档的设置。（图 4.2-13）

（5）配建公共停车场（库）的停车位控制指标，应符合书后《浙江停车场（库）设置规则和配建标准》。

（6）居住区内必须配套设置居民汽车（含通勤车）停车场（库）：1）居民汽车停车率不应小于 10%；2）居住区内地面停车率不宜超过 10%；3）居民停车场（库）的布置应方便居民使用，服务半径不宜大于 150m（服务半径应有限制，避免吸引过多车辆，造成车辆进出的不舒适）。

（7）综合公园、专类公园：位 /1000m²。

（8）其他见书后《浙江停车场（库）设置规则和配建标准》。

作业：停车场（库）的制作

内容：作业 I、作业 II

作业 I：张家港某酒店楼前户外景观停车场（小型车）设计。

要求：

1. 能够依据停车场（库）规范，消化、制作微信号本书资料内图纸内容。

2. 户外停车场设置合理，排布车辆符合经济技术原则。在满足项目任务书中停车位数量的要求外，合理增加绿化面积，加强景观视觉美感。

3. 户外停车位应该设计舒适的停放设施。

作业 II：某湿地公园停车场（小型车、中型车）设计。

要求：

1. 能够依据停车场（库）规范，消化、制作微信号本书资料内图纸内容。

2. 户外停车场设置合理，排布车辆符合经济技术原则。在满足项目任务书中停车位数量的要求外，合理增加绿化面积，加强景观视觉美感；设计合理的停车空间，方便小

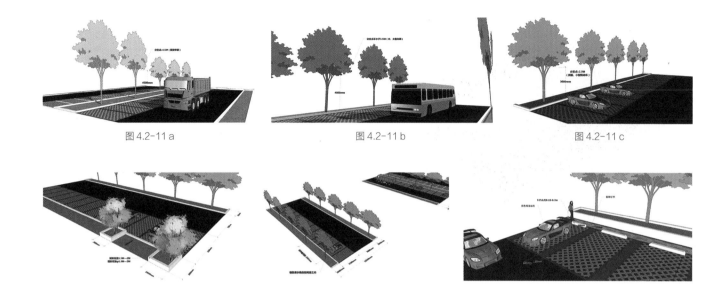

图 4.2-11 a　　　　　　　　　　图 4.2-11 b　　　　　　　　　　图 4.2-11 c

图 4.2-12 a　　　　　　　　　　图 4.2-12 b　　　　　　　　　　图 4.2-13

型车、中型客车的舒适出入。

作业讲解：

1. 作业 I 张家港某酒店楼前户外景观停车场（小型车）设计。项目任务书中规定，场地内拟建停车场，停车位数量为 100 个。根据这一规定，参见本节规范。

（1）停车位超过 50 个，应设置≥2 个进出口。（2）选择停放的方式，依据规范，小型车停放方式以垂直式停放为原则，但基于本案例空间小、放置车辆多，可适当在可利用的空间内灵活使用。（3）通车道的设置应满足会车及消防的需要，依据规范中每辆车满足的 33m² 的要求，准确把握通车道的设计形式。（4）增加车位附属设施，加入绿化。

2. 某湿地公园停车场（小型车、中型车）设计。

（1）根据本节停车场（库）规范选择合理的停车场位置。另外在设计停车场时要通过观察四周围道路高程的变化，作为安排的依据。如果高差过大坡度超出舒适驶入的界限，图纸将会失去设计的意义。例如场地南，具区路标高由西向东逐渐抬高，是桥梁的引桥位置，在此区段设置停车场无意义。（2）停车场的位置选择不应妨碍周边城市道路的交通，及不妨碍车辆的进出视线要求。应像紧邻公共建筑、景观节点等功能设施，缩短步行距离。（3）停车场四周应安排绿化的遮挡，绿化的形式可以根据公园的设计风格创建舒适、美观、带有创意感设计。

4.3　城市道路绿化规划设计规范、数据，应用部分——以浙江玉环园林城市提升方案为例

本案中所依据的部分规范及术语

参看微信号本书资料中规范内容时，应明确规范中术语的解释，并加以理解。了解设计范围，便于将合理的内容匹配到功能区间中。

4.3.1 道路绿地率指标（图 4.3-1 a、b、c、d）

1. 园林景观路绿地率不得小于 40%；

2. 红线宽度大于 50m 的道路绿地率不得小于 30%；

3. 红线宽度在 40 至 50m 的道路绿地率不得小于 25%；

4. 红线宽度小于 40m 的道路绿地率不得小于 20%。

根据以上规范依据，通过玉环设计范围内的踏勘与资料的整理，（图 4.3-2）例举重要道路标准段的问题及根

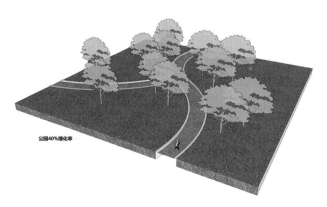

图 4.3-1 a

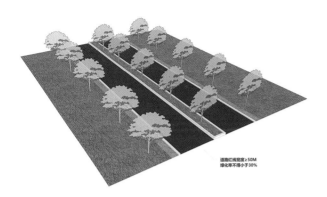

图 4.3-1 b

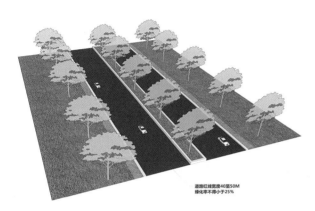

图 4.3-1 c

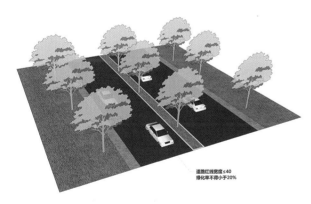

图 4.3-1 d

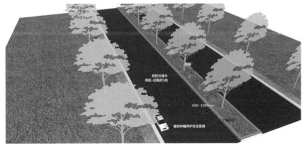

图 4.3-2

据可获得的空间制定提升标准。

4.3.2 道路绿地布局与景观规划

1. 种植乔木的分车绿带宽度不得小于 1.5m，主干路上的分车绿带宽度不宜小于 2.5m，行车道绿带宽度不得小于 1.5m。

2. 主次干路中间分车绿带和交通岛不得布置成开放式绿地。

3. 在城市绿地系统规划中，应确定园林景观路与主干路的绿化景观特色。园林景观路应配置观赏价值高、有地方特色的植物，并与街景结合，主干路应体现城市道路绿化景观风貌。根据以上规范依据，将踏勘图片进行分类处理，做好前期分析。如图 4.3-3 a 主干道绿地中的加纳利海藻与红花檵木球的配置中，虽然满足主干路的地方特色植物种植，但由于植物距离过大，形成了开放性的结果，不易于人员的安全，因此在后期增加了围栏，造成视觉上的不美观。综上分析，需要补植植物层次，一符合规范完善安全性，二增加植物层次美感，达到提升的作用。（图 4.3-3 b）

4.3.3 道路绿地设计规范

1. 绿带的植物配置应形式简洁，树形整齐，排列一致。乔木树干中心至机动车道路缘石外侧距离不宜小于 0.75m。（植物种植与养护安全的最小距离）

2. 中间分车绿带应阻挡相向行驶车辆的眩光，在距相邻机动车道路面高度 0.6m 至 1.5m 之间的范围内，配置植物的树冠应常年枝叶茂密，其株距不得大于冠幅的 5 倍。（图 4.3-4）

3. 两侧分车绿带宽度大于或等于 1.5m 的，应以种植乔木为主，并宜乔木、灌木、地被植物相结合。其两侧乔木树冠不宜在机动车道上方搭接。分车绿带宽度小于 1.5m 的，应以种植灌木为主，并应灌木地被植物相结合。根据以上规范依据可得知，不同道路绿带的宽度与功能直接影响植物的配置。在具体设计时，应以灌木、地被相结合设计，灌木高度控制在 0.6m 至 1.5m 之间。（图 4.3-5）

图 4.3-3 a

图 4.3-3 b

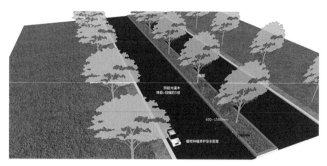

图 4.3-4

图 4.3-5

（1）行道树绿带设计：

行道树绿带种植应以行道树为主，并宜乔木、灌木、地被植物相结合，行道树定植株距应为4m。养护距离至路缘石最小距离为0.75m，形成连续的绿带。如玉环泰安路现状，（图4.3-6 a）泰安路现状分车绿带宽带大于1.5m，种植罗汉松，平均间距10m左右，配置不合理，宜选择行道树绿带，依据规范，景观优化方案建议增植行道树，补充于两棵罗汉松之中，高大乔木分枝点高，使整条道路形成整齐秩序感，也可达到美化天际线的韵律节奏的作用，给行车和行人带来舒缓感觉。（图4.3-6 b）两侧分车绿带倒头处，在植物设计上主要增加景石和宿根花镜植物的组团搭配，提升亮点和丰富视野景观空间。20m以内不种植影响视线的植被，以达到规范要求，以人为本。（图4.3-6 c）

图 4.3-6 a   图 4.3-6 c

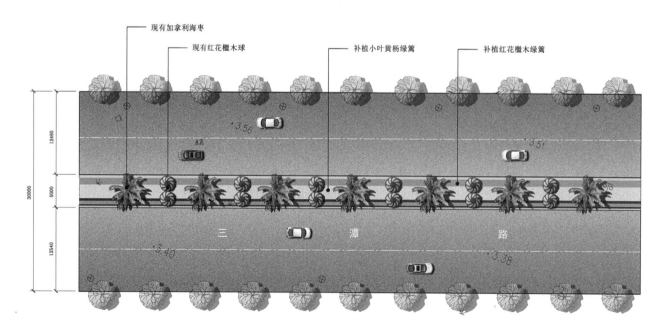

三潭路30M宽标准路段平面图

图 4.3-6 b

（2）路侧绿带设计：

路侧绿带应根据相邻用地性质、防护和景观要求进行设计，并应保持在路段内的连续与完整的景观效果。如玉环双港路沿线路侧带无绿化，需要建设绿化。道路两侧用地性质为居民区，楼体外墙裸露在外侧，（图4.3-7 a）考虑到相邻用地，路侧绿化带应设计增补高大背景乔木，中层桂花常绿小乔，开花类榆叶梅、海棠等，起到降噪、降尘的作用，丰富道路绿化景观视野。局部的挡墙前种植攀缘类植物，丰富景观层次。

路侧绿化带宽度大于8m时，可设计成开放式绿地。开放式绿地中，绿化用地面积不得小于该段绿带总面积的70%。如玉环榴岛大道路侧绿化带大于8m，可考虑设计成开放式绿地。但现有绿化带仅局部种植灌木，靠近中心雕塑旁只有草坪，缺乏景观性和美学过度层次。（图4.3-7 b）现设计补植高大背景林，中间增设开花类小乔，

改造前效果　　　　改造后效果

图4.3-7 a

图4.3-7 b

图4.3-7 c

图4.3-7 d

图4.3-7 e

如垂丝海棠、晚樱、碧桃等，下层补植耐阴灌木层、地被串联整个组团，景石周围搭配红枫、芒草、各色球类，美化路侧绿化带。（图4.3-7 c）

濒临江、河、湖、海等水体的路侧绿地，应结合水面与岸线地形设计成滨水绿带。滨水绿带的绿化在道路和水面之间留出透景线。如玉环榴岛大道旁石榴园对面滨河现状岸线呆板，背景为自建居民房与开挖山体，滨河周围绿化稀少。（图4.3-7 d）现结合河岸设计补植高大乔木香樟作为背景林，中层垂柳与碧桃组合，下层种植云南黄馨、五色地锦类临水植物，水面补植水生植物。以上设计一为弱化河岸线的几何形态，呈现自然特征；二为利用高大植物屏蔽不良背景，使得整块绿侧绿地连续、完整，且满足规范要求。（图4.3-7 e）

（3）交通岛、广场和停车场绿地设计：

1）交通岛绿地设计。如玉环三潭路交通岛植物层次单一，缺乏生机，（图4.3-8 a）致使城市天际线过度生硬，需要补植乔灌木组团植物进行优化。在行车视距范围内采用通透式设计的基础上布置成装饰绿地。如上层空间可补植当地乡土树种和银海枣以作为主景，下层配以色叶类灌木层，增加交通岛的整体凝聚性和景观美感，交通岛四周延边缘设计增多年生植宿根花卉，点亮城市色彩，同时也丰富了行车视觉感受。（图4.3-8 b）

2）广场绿化设计。公共活动广场周边宜种植高大乔木，集中成片绿地不应小于广场总面积的25%，并宜设计成开放式绿地，植物配置宜舒朗通透；广场绿化应根据各类广场的功能、规模和周边环境进行设计。广场绿化应利于人流、车流集散。玉环案例中新园街头广场现状为荒地，根据周边环境进行考量，缺少配套设施，如老人儿童活动场地；街头现状狭长形场地两侧为规划设计道路，现有局部的健身器材，放置凌乱，位于路边，不利于集散。依据规范内容，进行街头广场绿地的规划。在设计场地时应首先满足基本的规范需要，之后在场地中加入设置老人儿童活动场地，通过园路串联起来；场地与西北侧高差通过台地处理方式以消化高差。（图4.3-8 c）

玉环新园街头广场具体设计：① 设计主题："流动的地平线"。② 场地整体西高东低，形成一个三角地，场地最高与最低处高差3.5m左右，总面积1550m²。整个场地设置4个出入口，方便人流的集散，并设计通过砌筑毛石台地及台阶消除高差。四周高大、浓密植物种植以防尘防噪，场地中间较为开阔，设置老人儿童活动空间结合亭廊

图 4.3-8 a　　　　　　　　　　　　　　　　　　图 4.3-8 b

图 4.3-8 c

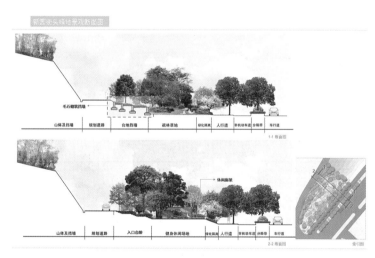

图 4.3-8 d

图 4.3-8 e

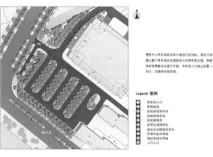

图 4.3-8 f

图 4.3-8 g

设计，力度感较强的折线园路串联整个场地，整体疏密有致而富于变化。（图 4.3-8 d、e）

3）停车场绿化设计。根据上一节停车场（库）规范结合玉环现状进行分析得知，玉环建设局前广场车辆停放缺乏管理疏导；大草坪广场，毫无遮阴效果；无明确、规范的车辆出入口，造成车辆的同进同出，人车混行，交通集散差；规划停车位不能满足停车数量的要求。需要保留部分草坪，增加大乔木，形成停车遮阴效果。同时，建议增加智能化停车设施，便于管理。（图 4.3-8 f；效果图 4.3-8 g）

4.3.4 道路绿化与有关设施（图4.3-9 a、b）

（1）道路绿化与架空线，在分车绿带和行道树绿带上方不宜设置架空线，必须设置时，应保证架空线下有不小于9m的树木生长空间。架空线下配置的乔木应选择开放性树冠或耐修剪的树种。在玉环实践项目中，图4.3-9 a三潭路侧分带现状条件中，绿地上空有架空线，且草皮破坏严重，侧分带隔离功能缺失。根据此情况，依据国家规范，量度架空线的垂直距离得知，无法种植大乔木。因此，建议补植绿篱，恢复侧分带的隔离功能同时，选择增加冠型收缩的亚乔木、灌木以丰富层次感。（图4.3-9 b）

图4.3-9 a、b

（2）道路绿化与地下管线，新建道路或经改建后达到规划红线宽度的道路，其绿化树木与地下管线外缘的最小水平距离宜符合（见书后电子版国家规范内容）。当遇到特殊情况，应满足道路绿化与其他设施（同上），树木与其他设施（同上）。

作业 I ：无锡某大学城道路绿化提升设计（太湖学院六号楼门前道路改造）

内容：根据书后本节项目任务书的内容进行绿化提升设计。参看本节道路规范进行设计。（由于基地的特殊性，应对规范内容活学活用，有一定的衍生意义）

要求：

1. 依据项目任务书中内容，完成提升文案部分整理工作。文案部分应参照规范，有理有据。

2. 能够区别不同功能、不同类型的道路绿地。分门别类，详细设计。

3. 提升设计中绿化内容应体现大学城的文化、功能特点。

4. 效果图出图可为三维软件制作，亦可使用"PS"在原图中直接设计。效果图应有明显设计改观，能够展现出优美的景致。（参看第四章"计算机辅助技术实例示范"）

作业 II ：道路旁景观规划

内容：根据书后本节项目任务书的内容进行道路绿化设计。CAD图纸见微信号本书资料。

要求：

1. 依据项目任务书中内容，对道路多个标准段进行平面分析，分析应参照规范，有理有据。图纸应出现不同标段的彩色平面图。对于难以在平面图解释的，应制作道路绿化剖立面及立面效果。

2. 道路标准段的绿化形式与植物配置，应契合周边的城市环境与功能。

3. 各道路节点部分设计应体现一定的城市风貌，能够与周边环境做一体化考虑。图纸应有平面、立面与效果图。

4.4 城市居住区规划设计规范、数据

4.4.1 城市居住区绿地规划规范

1. 居住区内绿地，应包括公共绿地、宅旁绿地、配套公建所属绿地和道路绿地，其中包括了满足当地植树绿化覆土要求、方便居民出入的地下或半地下建筑的屋顶绿地。规范主要表达了景观设计师需要设计的范围。细则：（1）一切可绿化的用地均应绿化，并宜发展垂直绿化；（2）宅间绿地应精心规划与设计，宅间绿地面积的计算办法应符合规范中有关规定（见微信号本书资料，其中，计算办法直接影响到绿地率的计算与项目的报批）；（3）绿地率：新区建设不应低于30%，旧区改建不宜低于25%。（均为最低标准，不满足标准的困难场地，可以增加屋顶绿化及其他绿化措施。另规范未加入的如旱汀步、绿化式停车场等设计内容均以50%的绿化计算进绿地率）（图4.4-1 a、b）

2. 居住区内的公共绿地，应根据居住区不同的规划布局形式设置相应的中心绿地，以及老年人、儿童活动场地和其他的块状、带状公共绿地等。（图4.4-2）（1）中心绿地设计时，至少应有一个边与相应级别的道路相邻（如组团绿化，需有一边与组团道路相邻）。根据规范条文7中的内容，解释说明了细则：小区级小游园应与小区级道路相邻，居住区公园应与居住区级道路相邻。设在组团内、

图4.4-1 a   图4.4-1 b

图 4.4-2

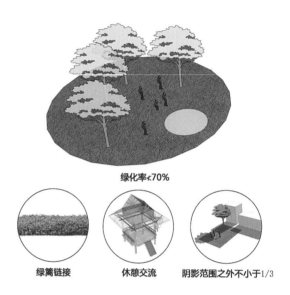

图 4.4-3 a

四面邻组团路的绿地，面积再大也只能属组团级的"大绿地"，而不能成为小区级或居住区级中心绿地，否则势将吸引本组团外的超量人流穿越组团甚至居民院落，这样既不便居民游憩活动，且严重干扰组团内居民的安宁环境。（2）绿化面积（含水面）不宜小于 70%。（3）使于居民休憩、散步和交往之用，宜采用开敞式，以绿篱或其他通透式院墙栏杆做分隔。（4）组团绿地的设置应满足有不少于 1/3 的绿地面积在标准的建筑日照阴影线范围之外的要求。（图 4.4-3 a、b）

3. 其中院落式组团绿地的设置还应同时满足各项要求。（1）其他块状带状公共绿地应同时满足宽度不小于8m，面积不小于 400m² 和本规范中日照环境要求。（2）公共绿地的总指标：组团不少于 0.5m²/ 人，小区（含组团）不少于 1m²/ 人，居住区（含小区与组团）不少于 1.5m²/ 人，根据规划布局形式统一安排、灵活使用；旧区改建可酌情降低，但不得低于相应指标的 70%。（图 4.4-4）（3）竖向：各种场地的使用坡度。（见微信号本书资料）

4.4.2 城市居住区设计数据（见微信号本书资料）

1. 道路：（1）居住区道路：红线宽度不宜小于 20m；（2）小区路：路面宽 6 至 9m；（3）组团路：路面宽 3 至 5m；（4）宅间道路不宜小于 2.5m；（5）道路车行转弯半径参见停车场(库)规范；（6）消防车道参见消防规范。

2. 其他数据：参见施工图知识。

4.4.3 居住区景观规划设计案例剖析——山东诸城密州街道

1. 密州居住区总平面图（图 4.4-5）

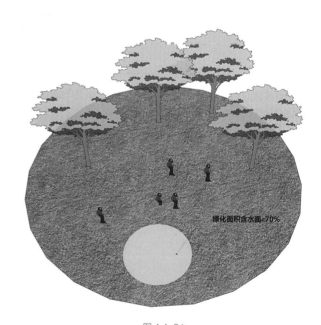

图 4.4-3 b

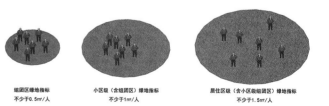

图 4.4-4

2. 密州居住区鸟瞰图（图4.4-6）

3. 密州居住区效果图（图4.4-7）

4. 密州居住区道路系统分析（图4.4-8）

5. 密州居住区空间结构分析（图4.4-9）

作业：江西凤凰天城小区六期景观设计

内容：根据本节规范要求，规划设计小区道路系统、简要布局区块I院落组团式绿地，并提交一份方案文本。

要求：

1. 规划设计应依据规范要求进行详细设计；

2. 场地道路分类分级准确；

3. 对居住区内的绿地，能够做到分层次区别对待，合理安排设计内容；

4. 组团景观设计时应综合考虑场地地域性、周边环境、建筑布局等内在联系，构成完善的、相对独立的有机整体；

5. 具体制作技巧应结合下一章规范制作。

图4.4-5

图4.4-6

图4.4-7

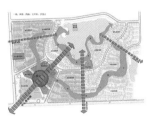

图4.4-8

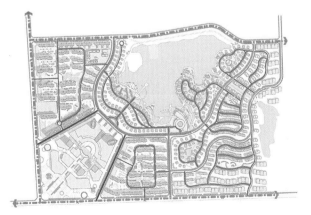

图4.4-9

4.5 公园设计规范、数据，应用部分——以尚贤河湿地公园景观方案具体设计为例

4.5.1 公园内主要用地比例

尚贤河占地32公顷，（图4.5-1）根据规定，结合批准的项目任务书，确定园内主要使用功能的用地比例。

图4.5-1

4.5.2 公园内布局

公园的总体设计应根据批准的设计任务书，结合现状条件对功能或景区划分、景观构想、景点设置、出入口位置、竖向及地貌、园路系统、河湖水系、植物布局以及建筑物和构筑物的位置、规模、造型及各专业工程管线等做出综合设计。（本条目确定了框架式的设计内容）

4.5.3 园内设计内容及元素

1. 现状处理：1）现状内容，公园范围内的现状地形、水体、建筑物、构筑物、植物、地上或地下管线和工程设施，必须进行调查，做出评价，提出处理意见。（图4.5-2）2）植物分项，古树名木保护范围的规定，① 成林地带外缘树树冠垂直投影以外5m所围合的范围；② 单株树同时满足树冠垂直投影以及其外侧5m宽和距树干基部外缘水平距离为胸径20倍以内。（图4.5-3 a、b）

现状处理中的内容为尚贤河设计时踏勘阶段工作提供了切实的采证依据，具有一定的指导意义，基本确定了后期方案中原基地的保护内容以及公园管委会的位置。（图4.5-4）

2. 出入口设计：应根据城市规划和公园内部布局要求，确定游人主、次和专用出入口的位置，需要设置出入口内外集散广场、停车场、自行车存车处等，应确定其规模要求。

根据尚贤河湿地公园的内部布局，结合考虑城市竖向与园内竖向后，设置主、次入口。入口距主要道路交叉口应大于80m，停车场（库）的设置、确定规模，依据3.1.2

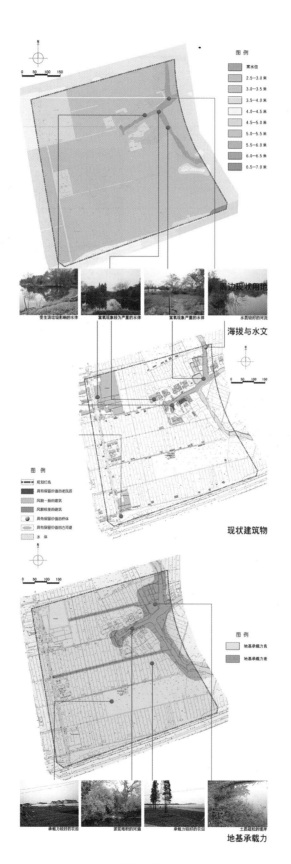

图 4.5-2

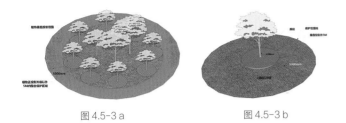

图 4.5-3 a   图 4.5-3 b

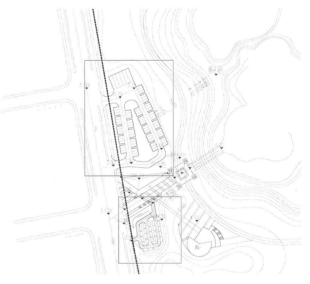

网密度宜在 160 至 300 公顷之间。主要园路应具有引导游览的作用，易于识别方向。游人大量集中地区的园路要做到明显、通畅、便于集散。通行养护管理机械的园路宽度应与机具、车辆相适应，通向建筑集中地区的园路应有环形路或回车场地，生产管理专用路不宜与主要游览路交叉。本条目并未介绍其他次要园路的具体设计要求，故其他园路的路宽、铺装与线型的设置，应符合功能区域中的地形、地貌、功能取向。如：密林小径在设计时宜减少路宽，铺装的形式宜古朴自然，线型设置应与观景相结合，蜿蜒曲折等。（图 4.5-7）

尚贤河道路的分类、分级设计参照本条目进行。确定一级主路主要为通达型道路，设置为环路，满足条文 3 的内容，另根据条文补充设计，最后得出一级道路的平面线

图例：
⬤ 科普教育
◯ 游憩
◓ 显地展示
◎ 生态保育

图 4.5-4

停车场（库）的规定。（图 4.5-5）

3. 园路系统设计：应根据公园的规模、各分区的活动内容、游人容量和管理需要，确定园路的路线、分类分级和园桥、铺装场地的位置和特色要求。（图 4.5-6 a、b、c）园路的路网密度，宜在 200 至 380 公顷之间，动物园的路

图 4.5-5

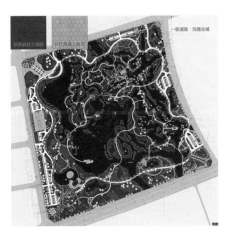

图 4.5-6 a

图 4.5-6 b

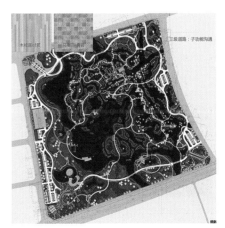

图 4.5-6 c

图 4.5-7

型，并与二级支路合理连接，确定二级支路主要为沟通园内各个功能区间服务，创造连续展示园林景观的空间或欣赏前方景物的透视线，并与三级小路合理连接，三级小路主要沟通各个功能区间内部，完善道路系统。

4. 河湖水系设计：应根据水源和现状地形等条件，确定园中河湖水系的水量、水位、流向、水闸或水井、泵房的位置，各类水体的形状和使用要求。游船水面应按船的类型提出水深要求和码头位置，游泳水面应划定不同水深的范围。1）观赏水面应确定各种水生植物的种植范围和不同的水深要求（沉水植物、挺水植物、浮水植物、漂浮植物，平面形式及水深要求）。（图 4.5-8 a、b、c）2）硬底人工水体的近岸 2.0m 范围内的水深，不得大于 0.7m，否则应设护栏。无护栏的园桥、汀步 2m 范围以内

图 4.5-8 b

图 4.5-8 c

的水深不得大于 0.5m。儿童游戏场内的戏水池最深处的水深不得超过 0.35m。3）驳岸与山石（具体设计可参见《风景园林工程》）。（图 4.5-9 a、b、c、d）

尚贤河湿地公园河湖水系设计：（图 4.5-10 a、b、c）1）水体形状的确定，考虑的因素有：① 以满足湿地内功能诉求为前提；② 湿地生物的生存诉求；③ 游船需要的通航要求、确定码头的位置（航道水深 1.5m—2.0m）；（图 4.5-10 a）④ 原始地形地貌的现场土方平衡。（图 4.5-10 b）2）驳岸与山石：设计中尽量以生态型自然驳岸为主，同时满足人们的亲水性。（图 4.5-10 c）3）公园中的园桥、护栏的设置。

（4）植物组群类型及分布：1）一般规定，公园的绿化用地应全部用绿色植物覆盖，建筑物的墙面、构筑物可布置垂直绿化。2）树木的景观控制，① 风景林类型为密林、疏林、疏林草地；② 观赏特征类型为孤植树、树丛和树群；③ 视距，孤立树、树丛和树群至少有一处欣赏点，视距为观赏面的 1.5 倍和高度的 2 倍，成片树林的观赏林缘线视

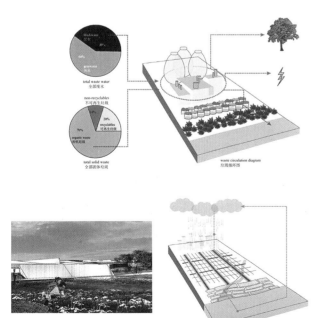

图 4.5-8 a

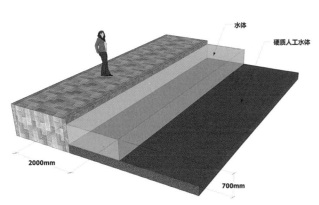

图 4.5-9 a

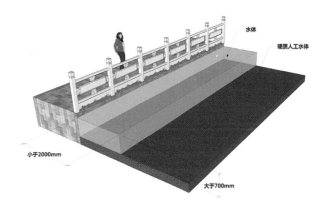

图 4.5-9 b

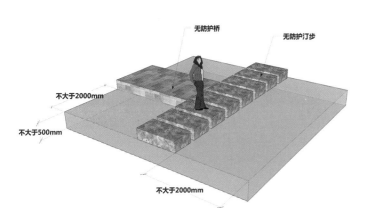

图 4.5-9 c

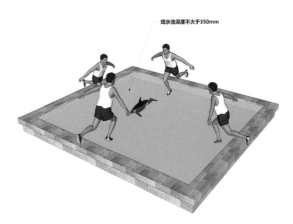

图 4.5-9 d

图 4.5-10 a

图 4.5-10 b

图 4.5-10 c

距为林高的 2 倍以上。

尚贤河湿地公园植物组群类型及分布：植物类型、分布结合场地功能设计运用，如场地内净水展示区内应选用可降解中水的水生植物，如核心保护区内应选植物应关注生态的梯度变化，为核心区域动物提供食物、安居场地。(具体植物类型略)

5. 建筑物及其他设施布局：1) 应根据功能和景观要求及市政设施条件等，确定各类建筑物的位置、高度和空间关系，具体为建筑物的位置、朝向、高度、体量、空间组合、造型、材料、色彩及使用功能，并提出平面形式和出入口位置；(图 4.5-11) 2) 游人通行量较多的建筑室外台阶宽度不宜小于 1.5m，踏步宽度不宜小于 30cm，踏步高度不宜大于 16cm，台阶踏步数不少于 2 级；3) 侧方高差大于 1m 的台阶，设护栏设施，其高度应大于 1.05m，高差较大处可适当提高，但不宜大于 1.2m，护栏设施必须坚固耐久且采用不易攀爬的构造；4) 游览、休憩建筑的室内净高不应小于 2m，示意性护栏高度不宜超过 0.4m。(图 4.5-12 a、b) 尚贤河湿地公园建筑物及其他设施布局、展览馆建筑设计方案及其他设施设计方案达到规范基本要求，并从公园的特点考虑设计的最终形式。(图 4.5-13)

6. 竖向控制：1) 竖向控制依据，应根据公园四周城市道路规划标高和园内主要内容，充分利用原有地形地貌，提出主要景物的高程及其周围地形的要求，地形标高还必须适应拟保留的现状物和地表水的排放。(图 4.5-14) 2) 竖向控制内容，山顶；最高水位、常水位、最低水位、水底、驳岸顶部；园路主要转折点、交叉点和边坡点；主要建筑的底层和室外地坪；各出入口内、外地面；地下工程管线及地下构筑物的埋深；园内外佳景的相互因借观赏点的地面高程。3) 园路，主路纵坡宜小于 8%，横坡宜小于 3%；山地公园的园路纵坡应小于 12%，超过 12% 应做防滑处理。主园路不宜设梯道，必须设置时，纵坡宜小于 36%；支路和小路，纵坡宜小于 18%。纵坡超过 15% 路段，路面应做防滑处理；纵坡超过 18%，宜按台阶、梯道设计，坡度大于 58% 的梯道应做防滑处理，宜设置护栏设施。

尚贤河湿地公园竖向控制：(1) 确定出入口的竖向，依据为公园四周城市道路规划标高；(2) 结合规范中控制依据、考虑拟定园内各山体、水体大体形态；(3) 增加功能系统如道路、滨水休憩、园桥、码头，功能区间等客观因素，设计合理的竖向，确定竖向控制内容，绘制于

经济技术指标

项目名称	建筑面积	占地面积	层数	材料	最高高度	色彩	结构形式
科普展示馆（方案一）	5000m²	3600m²	一层（局部二层）	石材、筋混凝土、玻璃幕墙	9 米	石本色、玻璃幕墙	主体钢砼，石墙面，内装木材
科普展示馆（方案二）	9000m²	6200m²	一层（局部二层），覆土建筑，上下面积各一半	本地石材、木材、钢筋混凝土	7 米	仿木工结构石墙面本色，内装木本色，全屋顶覆土草坡	主体钢砼，外墙用石材

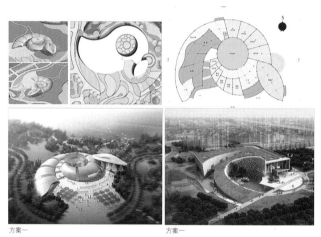

方案一　　　　　　　方案一

图 4.5 11

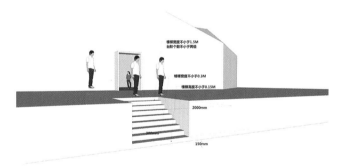

图 4.5-12 a

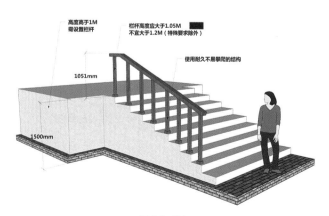

图 4.5-12 b

图 4.5-13

图 4.5-14

图 4.5-15

图纸。（图 4.5-15）

作业Ⅰ：山体小游园景观设计（面积：7190m²）

内容：依据本节规范，设计小游园，完成平面布置图（一张）、效果图若干。

要求：

1. 游园内主要用地比例项目任务书无特别注释，应对照常规设施表灵活配置（表 4.5-1）；

2. 定位游园内基本使用功能、布局合理；

3. 游园内竖向控制应满足基本要求；

4. 游园内的建筑、景观构筑物及其他设施满足基本要求。

作业讲解：

1. 小游园无特殊要求，总绿化占地比例为 75% 等使用比例，大致计算出各使用面积。

2. 现状场地处于小区内部，多以小区人员使用为主，可定位健身公园，以散步休憩为主。因现状场地部分坡度较陡，多处出现土壤安息角极值。道路设置应根据等高线分析得出。另将图纸中坡度较缓的山顶位置定位为主要中心停歇区域。园外有佳景的部分也可适当增加停歇区域。

3. 游园内竖向控制道路设置中，道路宜平行于等高线设置，尽量减少梯道。由于小游园面积较小，关于道路的分类与等级应灵活设置。

4. 图纸内的原生植物应予以保留，在保护范围外设置设计内容、地下管线铺设等。

作业Ⅱ：无锡梁塘河湿地公园规划设计（面积：43 公顷）

小知识：

湿地是位于水域和陆地之间的生态交错区，可以控制水域对陆地的侵蚀，对化学物质具有高效的处理与净化能力，还能够提供滨海咸水、河口或淡水栖息地。湿地是一道天然屏障，也是多种生物的避风港，其价值远远高于人们最初的认识。然而，由于自然因素和人为干扰的影响，当今世界各地的湿地处于不断退化的过程中。湿地恢复研

尚贤河湿地公园工程经济技术指标					
序号	用地性质		用地面积（m²）	占地百分比	备 注
	用地总面积		393610	100.0%	
	道路用地		36303	9.2%	
		一级道路（5m）	12070		
		二级道路（3m）	4116		
		三级道路（2m）	2236		
		园路（1.5m）	784		
1		停车场	12494		
		木栈桥	1000		
		车行桥	1918		
		人行桥	1630		
		古桥恢复	55		
2	铺装广场用地		12127	3.1%	
3	水面		147177	37.4%	
	构筑物占地		6838	1.7%	
		科普展示馆	4263		
		厕所	507		
4		服务中心	413		
		改建民居	1357		
		景观花架	30		
		休憩亭廊	268		
5	绿化用地		187745	47.7%	
6	预留变电所用地		3420	0.87%	

表 4.5-1

究是当今恢复生态学研究的主要内容之一。中国目前的湿地面积占世界湿地的10%，位居亚洲第一位，世界第四位。在中国境内，从寒温带到热带、从沿海到内陆、从平原到高原山区都有湿地分布，一个地区内常常有多种湿地类型，一种湿地类型又常常分布于多个地区。保护湿地以及湿地生态的恢复，对于维护生态平衡，改善生态状况，实现人与自然和谐，促进经济社会可持续发展，具有十分重要的意义。

湿地景观的设计意义：

1. 环保意义

湿地是人类最重要的环境资本之一，也是自然界富有生物多样性和较高生产力的生态系统。它不但具有丰富的资源，还有巨大的环境调节功能和生态效益。各类湿地在提供水资源、调节气候、涵养水源、均化洪水、促淤造陆、降解污染物、保护生物多样性和为人类提供生产生活资源方面发挥了重要作用。

（1）维持生物多样性。湿地的生物多样性占有非常重要的地位。依赖湿地生存、繁衍的野生动植物极为丰富，其中有许多是珍稀特有的物种，湿地是生物多样性丰富的重要地区和濒危鸟类、迁徙候鸟以及其他野生动物的栖息繁殖地。在40多种国家一级保护的鸟类中，约有1/2生活在湿地中。中国是湿地生物多样性最丰富的国家之一，亚洲有57种处于濒危状态的鸟，在中国湿地已发现31种；全世界有鹤类15种，中国湿地鹤类占9种。中国许多湿地是具有国际意义的珍稀水禽、鱼类的栖息地，天然的湿地环境为鸟类、鱼类提供丰富的食物和良好的生存繁衍空间，对物种保存和保护物种多样性发挥着重要作用。湿地是重要的遗传基因库，对维持野生物种种群的存续，筛选和改良具有商品意义的物种，均具有重要意义。中国利用野生稻杂交培养的水稻新品种，使其具备高产、优质、抗病等特性，在提高粮食生产方面产生了巨大效益。

（2）调蓄洪水，防止自然灾害。湿地在控制洪水，调节水流方面功能十分显著。湿地在蓄水、调节河川径流、补给地下水和维持区域水平衡中发挥着重要作用，是蓄水防洪的天然"海绵"。我国降水的季节分配和年度分配不均匀，通过天然和人工湿地的调节，储存来自降雨、河流过多的水量，从而避免发生洪水灾害，保证工农业生产有稳定的水源供给。长江中下游的洞庭湖、鄱阳湖、太湖等许多湖泊曾经发挥着储水功能，防止了无数次洪涝灾害，许多水库，在防洪、抗旱方面发挥了巨大的作用。沿海许多湿地抵御波浪和海潮的冲击，防止了风浪对海岸的侵蚀。中科院研究资料表明，三江平原沼泽湿地蓄水达38.4亿立方米，由于挠力河上游大面积河漫滩湿地的调节作用，能将下游的洪峰值消减50%。此外，湿地水的蒸发在附近区域制造降雨，使区域气候条件稳定，具有调节区域气候作用。

（3）降解污染物。工农业生产和人类其他活动以及径流等自然过程带来农药、工业污染物、有毒物质进入湿地，湿地的生物和化学过程可使有毒物质降解和转化，使当地和下游区域受益。

2. 文化意义

通过恢复城市湿地，恢复与挖掘湿地历史、文化，保护湿地文化遗产，让生态文明建设更上一层楼。如果说湿地生态系统是一个生命网络，那么，城市便是这个生命网络中人类文明发展的起点。恢复城市湿地，必须充分尊重城市的历史及其与湿地间的关系，从文化遗产的挖掘和再认识出发，增强对自然遗产重要性的认识，同时通过对自然遗产的保护来促进文化遗产的传承，使湿地这一日益减少的人类绿洲和天堂，能在自然和人文两方面同时得到保护、利用和发展，并在这一过程中促进社会发展。

恢复城市湿地，让湿地文化保护意识渗透到全社会。通过恢复城市湿地，让市民充分享受湿地的多重效益，同时，恢复城市湿地并将城市湿地建设为湿地公园或城市湿地公园，将是将全国湿地保护的重要的宣传和教育窗口，通过湿地公园向全社会各界生动地介绍湿地知识、湿地功能与效益、国内外湿地保护的成功经验，是激发广大市民的湿地保护意识和参与湿地保护活动的有效途径，对全局性的湿地保护起着至关重要的作用。

3. 实践意义

（1）经济意义

提供丰富的动植物产品。中国鱼产量和水稻产量都居世界第一位，湿地提供的莲、藕、菱、芡及浅海水域的一些鱼、虾、贝、藻类等是富有营养的副食品，有些湿地动植物还可入药。有许多动植物还是发展轻工业的重要原材料，如芦苇就是重要的造纸原料，湿地动植物资源的利用还间接带动了加工业的发展，中国的农业、渔业、牧业和副业生产在相当程度上要依赖于湿地提供的自然资源。

提供水资源。水是人类不可缺少的生态要素，湿地是人类发展工农业生产用水和城市生活用水的主要来源。我国众多的沼泽、河流、湖泊和水库在输水、储水和供水方面发挥着巨大效益。

提供矿物资源。湿地中有各种矿砂和盐类资源，中国的青藏、蒙新地区的碱水湖和盐湖，分布相对集中，盐的种类齐全，储量极大。盐湖中，不仅赋存大量的食盐、芒硝、天然碱、石膏等普通盐类，而且还富集着硼、锂等多种稀有元素。中国一些重要油田，大都分布在湿地区域，湿地的地下油气资源开发利用，在国民经济中的意义重大。

能源和水运。湿地能够提供多种能源，水电在中国电力供应中占有重要地位，水能蕴藏占世界第一位，达 6.8 亿千瓦，有着巨大的开发潜力。我国沿海多河口港湾，蕴藏着巨大的潮汐能。从湿地中直接采挖泥炭用于燃烧，湿地中的林草作为薪材，是湿地周边农村中重要的能源来源。湿地有着重要的水运价值，沿海沿江地区经济的快速发展，很大程度上是受惠于此。中国约有 10 万公里内河航道，内陆水运承担了大约 30% 的货运量。

（2）社会意义

观光与旅游。湿地具有自然观光、旅游、娱乐等美学方面的功能，中国有许多重要的旅游风景区都分布在湿地区域。滨海的沙滩、海水是重要的旅游资源，还有不少湖泊因自然景色壮观秀丽而令人们向往，被辟为旅游和疗养胜地。滇池、太湖、洱海、杭州西湖等都是著名的风景区，除可创造直接的经济效益外，还具有重要的文化价值。尤其是城市中的水体，在美化环境、调节气候、为居民提供休憩空间方面有着重要的社会效益。

（3）教育与科研价值。湿地生态系统、多样的动植物群落、濒危物种等，在科研中都有重要地位，它们为教育和科学研究提供了对象、材料和试验基地。一些湿地中保留着过去和现在的生物、地理等方面演化进程的信息，在研究环境演化、古地理方面有着重要价值。

内容：依据本节规范，规划公园，能够粗略布局平面图（一张），局部效果图草图若干。

要求：

1. 公园内必须预留美术馆（底平面 3000m²）、科普馆（底平面 2500m²）空间。合理配置湿地探知区、核心保护区等湿地功能区域。

2. 公园出入口、停车位布置合理。

3. 公园内各道路系统能够正确分级，使用功能明确。其平面线型结合公园竖向、观赏点综合考虑，满足基本要求。

4. 公园内河湖水系设计满足湿地生态基本特征。如涉及通航的，应考虑航道走向与码头位置。

5. 公园内竖向应结合原始地形地貌设计，满足基本要求。

6. 公园内植物布局宏观层次合理。

本章小结

本节结合实例介绍了景观专业的相关国家建设规范。此类规范，是人类多年现代化建设活动中积累下的实践本源性产物，其内容中的"设计层次"与"尺度"，有着很强的使用参考价值。一方面，能够解决场地的基本通用问题；另一方面，正因为有了诸多条文的限制与规定，才能诱发设计者培养起"以人为本"，理性解决实际问题的能力与技巧，举一反三地创建出实际、优美的景致。

"没有规矩，不成方圆"，熟读相关规范、条文，相当于掌握一把有形的标尺，有助于在面对不同种类项目时，有一个明确的方向与制作的大致内容，包括哪些是必须设置与考虑设置的，以至完成场地最基本的理性诉求，能够将设计的内容真正"落地"，如消防通道、停车位、场地竖向等硬性规定，在设计时就必须考虑其设置的最低使用需求，将其巧妙地结合进景观整体中。

如今，随着科技的日新月异，新材料、新工艺层出不穷，带给同学们更多的便利和挑战。在实习、实训项目设计时，要以本源性的规范知识作为基础，学会灵活运用，扩大视野。结合规范，多解决一些实际存在于人民生活中，亟待解决的困难。这不仅是新时代设计师应该做的事情，而且也是制定规范的初衷所在。

在下一章中，将结合案例，介绍实习、实训中将会碰见的具体图纸制作技巧。

第五章
景观专业实习、实训应用知识与习题

本章知识要点提要：

1. 景观制图标准与应用；

2. 景观设计彩色总平面图快速制作流程与技巧；

3. 辅助设计软件，部分制图技巧。

本章学生参考资料：

1.《景观工程图天正建筑 CAD——制图标准》

2.《建筑场地园林景观设计深度要求》

3.《总图设计要点》网络文章

4.《上海甘草景观规划设计事务所施工图集》

5.《上海甘草景观规划设计事务所方案图集》

本章应该完成的阶段任务：

本章节提供的是实习、实训中常见图纸的制作技巧（不包括施工图）。通过本章的学习，应具备以下能力：

1. 能够熟练掌握行业内标准的 CAD 制图标准，熟练使用天正 CAD；能够了解各个阶段的图纸深度与制图要求；

2. 能够依据总图设计要点熟练绘制彩色总平面图，并加以编排；

3. 对辅助软件制作与功能有一定的了解，如 sketch up 插件、Lumion 渲染；Ecotect 生态大师（日照、热能、风能分析）；AI（Adobe Illustrator）分图图例制作等。

5.1 景观图纸制图标准

通过前三章的介绍，大致完成对实习、实训阶段，前期景观设计知识结构的梳理，在实际景观工作中，能够在面对不同种类的景观项目时，得出一条确实可行的思考路径。本节将以景观设计不同阶段的深度作为依据，介绍应用软件的制作技巧，并结合案例展示标准化的制图过程。

景观图纸制图标准详见微信号本书资料内对应内容

5.1.1 景观制图的准备工作

（1）了解并熟悉建筑制图流程、符号与规定。

（2）计算机辅助，CAD 制图基础。CAD 绘制流程、符号的标注等。运用天正建筑绘制第三章小游园作业中景观小品（廊架）平面定位图、主要立面图纸——制作流程，图纸 A2、比例 1:30。

5.1.2 景观制图——平面定位图

（1）参见书后制图规范，建立图层，设置对应的线型与线宽，图5.1-1 a。（2）平面柱网定位，预留出地面铺装的空间，注意柱的中线位置应与平面铺装结合美观。建立柱网，图5.1-1 b。（3）参考图集，选择合适的柱体尺寸，图5.1-1 c。（4）选择合适的梁尺寸，将廊架梁、次梁绘制出来，图5.1-1 d。（5）绘制出木架片。木架片应有一定的高度达到遮阳的功能，也能够在地面上产生斑驳的倒影，图5.1-1 e。（6）引出说明文字（ycbz）

解释所用材料、色彩及尺寸。其中，制图规范中条文四，文字，字高的编辑对应图纸比例大小，以保证出图的美观，图5.1-1 f。（7）参见第二章制图深度规定标注相关柱网间的尺寸（zwbz）。（柱网必须使用天正绘制时，快捷键有效。快捷键均对应中文拼音首字母设置）（8）添加

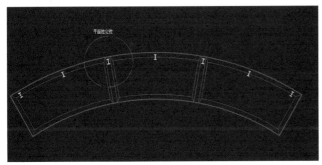

图5.1-1 a

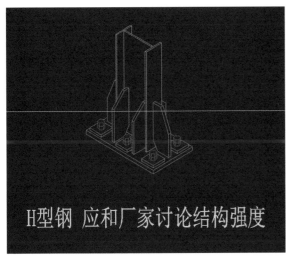

图5.1-1 b

图5.1-1 c

H型钢 应和厂家讨论结构强度

图5.1-1 d

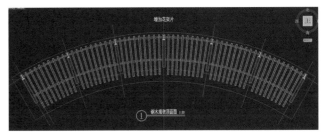

图5.1-1 e

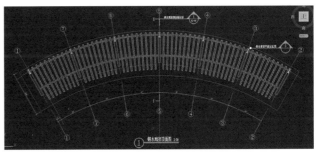

图5.1-1 f

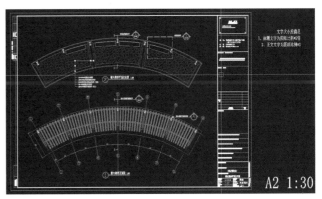

A2 1:30

图5.1-1 g

重要点位（如轴线交叉点）的坐标（zbbz）、需要重要解释的断面（dmpq）、剖面（pmpq）、索引符号（syfh）。（9）标注详图名称（tmbz）与图纸所在页的编号，（sytm）图 5.1-1 g。（10）套实训公司图框，将 1：1 公司图框导入，放大 30 倍，套入图纸内容。

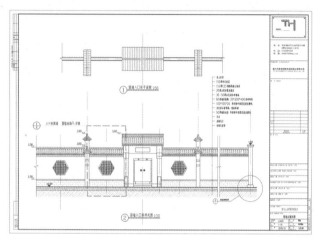

图 5.1-2 a

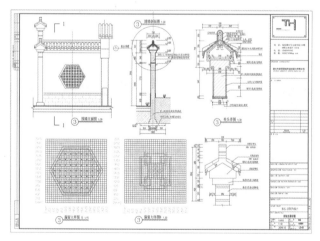

图 5.1-2 b

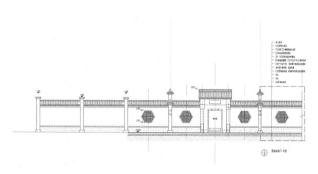

图 5.1-2 c

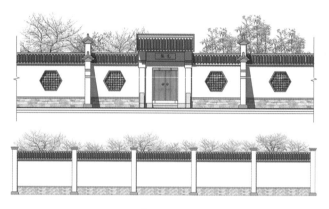

图 5.1-2 d

5.1.3 景观制图——主要立面图

（1）中式大门、围墙平面图一份，以平面为依据绘制辅助线，定位柱、梁等廊架部件的位置。（2）设计、并绘制大门、围墙外轮廓，各部分形状、花饰；标注尺寸、标注标高（bgbz）。（标高标注时如无特殊要求，应以相关建筑底平面 ±0.00 设计标高，即绝对标高）。如图纸竖向在后期有设计变更，可使用天正标高检查功能一并解决（bgjc），图 5.1-2 a。（3）引出说明文字（ycbz）解释所用材料、色彩及尺寸。（4）符号标注。（5）套实训公司图框。（6）最终立面效果图。

5.1.4 景观制图——案例制作

运用天正建筑绘制第三章作业 I 小游园总平面图（以草图方案为基础）。图纸 A1、比例 1：300。（图 5.1-3 a、b、c、d、e、f、g、h、i）

图 5.1-3 a

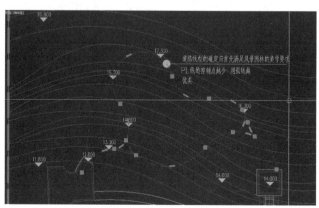

图 5.1-3 b

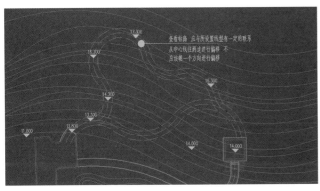

图 5.1-3 c

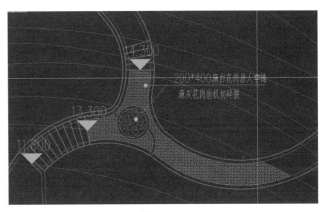

图 5.1-3 g

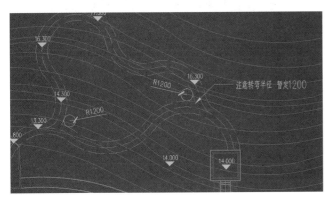

图 5.1-3 d

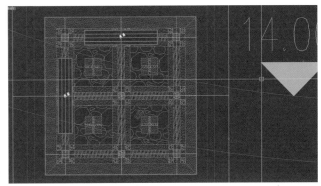

图 5.1-3 h

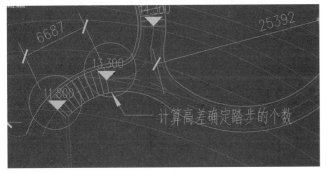

图 5.1-3 e

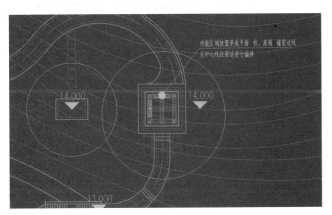

图 5.1-3 f

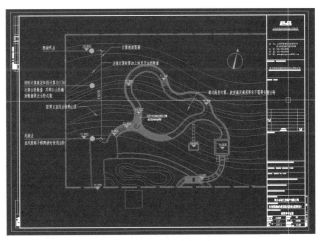

图 5.1-3 i

（1）参见微信号本书资料制图规范，建立图层，设置对应的线型与线宽，图 5.1-3 a。（2）运用公式计算主要道路起坡点、变坡点并符合规范要求。（3）选择辅助线图层，选择多段线（PL）绘制路网中心线。线型应具有美感，图 5.1-3 b。（4）运用偏移工具左右偏移 1.2m 得到道路边线，图 5.1-3 c，并将边线调入进粗实线图层；

修剪交叉曲线，道路交叉口转弯半径 1.2m，图 5.1-3 d。
（5）计算山体竖向标高，绘制入口 A 处登山梯道中线。
每十级台阶预留 1.2m*1.2m 休息平台，计算梯道数量并
绘制与偏移出道路形态，图层同上，图 5.1-3 e。（6）绘
制各处功能区域，留出足够空间放置景观建筑与小品，
图 5.1-3 f。（7）根据草图绘制道路与功能区地面铺装：
1）调整图层至中实线将设计好的铺装分隔边线逐级偏移
绘制，注意所选材料的尺寸要便于采购、加工（参考图集
制作），图 5.1-3 g；2）调整图层至细实线，选择填充
形式（H），填充边线内、外部分（面积较大总平面图不
应绘制细化的铺装尺寸），图 5.1-3 h。（8）选择粗实线
图层绘制景观建筑、小品底平面图，图 5.1-3 i。（9）标
注：1）标注各主要控制点坐标；2）各主要控制点的标高，
山顶活动区域标高、道路起坡、变坡点道路交叉点标高、
各重要景观建筑的底、顶设计标高，主要铺装面的标高等；
标注索引、引出说明文字、图名标注、指北针或风玫瑰、
比例尺，套入图框（同上）；完成小游园总平面的绘制工作。

5.1.5　景观制图——案例制作

　　不规则道路及旱汀步平面铺装分隔线绘制的技巧说
明：（图 5.1-4 a、b、c、d、e）（1）设计铺装分隔边线
形式、单块旱汀步尺寸，标号成组。注意组设置的参照点
以物体的中心点作为依据，图 5.1-4 a。（2）检查不规则
道路中心线除道路交叉口外，不能有断线出现，（编辑多
段线 — 选取多段线 — 合并多段线）图 5.1-4 b。（3）
将中心线定距等分（me），选择组、输入组编号、输入
间距，确定图 5.1-4 c 完成制作。

图 5.1-4 b

图 5.1-4 c

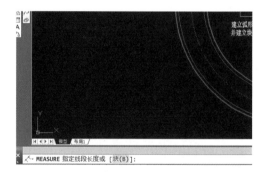

图 5.1-4 d

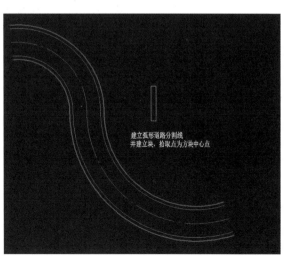

图 5.1-4 a

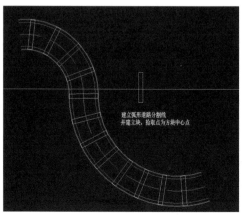

图 5.1-4 e

5.2 彩色平面图制作规范及流程

在景观实习、实训中彩色平面图的制作，主旨为渲染平面布置图、在排版时加入说明与图例，增加交流的清晰度，是较为基本的应用技能。但是，做好一张赏心悦目的彩平却并非易事，不同的项目、风格、设计内容的多寡都是制作彩平的依据。本节中，简述制作的流程与相关注意事项，并介绍两种类型的平面图制作方法，分别为小游园平面图制作与校园内围合空间平面图制作。希冀能够打开同学们的思路，制作出不同风格、美观实用的彩色平面图。制作软件：photo shop 与 sketch up。

案例 I：农庄方案彩色平面图制作

5.2.1 制作彩平的准备工作

（1）CAD 图纸的准备：根据前一节中绘制的 CAD 图纸将不同内容的图层分离出来，原因是在 PS 内能够快速地选择与填充对象。建立虚拟打印机，设置打印样式表，将图层单个导出，格式为 EPS，利用天正建筑图层插件能够快速将图层隐藏与显示。

注意：导出 EPS 之前，图纸外框不隐藏，在虚拟打印窗口选取时，能够以外框作为参照物，这样输出的图像在 PS 内能够快速合图。

（2）平面元素的准备：彩色平面图有单纯色彩的叠加方法，也有不少平面图需要细致的描摹更加贴近现实的做法，以达到制图的精细。因此，平面元素的实景是需要长期积累与实际操作的。包括实际植物的平面图、硬质材料的平面图等。

注意：不应直接使用网络上下载的平面元素生硬的制作。（图 5.2-1）使用 PS 加工这些元素，看似多几个步骤，但实则对后期的出图，提供很好的细节表现。

（3）彩色总平面色调的确定：项目类型、设计阶段、设计内容的不同与色调确定有着直接的关系，如居住区平面以暖色调为主，工业区、科技园以冷色调为主。

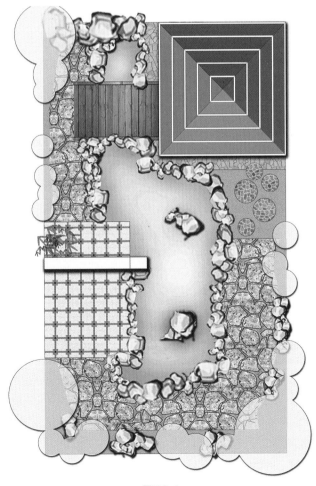

图 5.2-1

5.2.2 运用 PS、sketch up 快速绘制彩色总平面图

（1）CAD 合图：将 EPS 文件导入 PS，设置导入信息应统一不变；以边框作为参照，合并成整体图像。建立文件包名为底图；ctrl+j 加深叠加画面深度。

（2）新建图层，图层草地：导入示范性平面图，拾取草地颜色并填充。小游园为山体公园，等高线在填充时应注意草地色彩层次的变化，模拟山体的走势。注意，等高线在 CAD 内应将虚线调整为直线并导入叠加；魔棒选择时，应分具体情况点选对所有图层取样。

（3）新建图层，图层铺装：选择道路、铺装面底图拾取或调色并填充。完成后，图面的大体色彩关系便已确定。

（4）新建图层，图层节点：根据具体设计填充相应色彩，这时的图面色彩关系应有主有次，本案例使用纯色填充。

（5）导入景观建筑，廊、亭、复杂景墙平面图。由于竖向构筑物平面在 PS 内制作耗时，因此可选择导出已制作好的 sketch up 模型（平面图片格式），对于复杂的景观建筑无疑是见效果的。

（6）植物的绘制：植物（乔、灌、草）在平面图内有着较强的比重，表现力强；制作植物的方法很多，本案例选择 CAD 制作树圈，导入 PS 辅助上色的方法。首先在 CAD 内使用圆工具制作乔木、灌球类大致长成的蓬径，分别为 5m、4m、3m、2m、1.5m，中心均画出树干截面增加真实感，并依据设计方案定位乔灌木在平面图中的位置；使用云线，制作树林。完成 CAD 内工作，将植物分种类导出（绘制时尽量圆圈不重合，造成选择的困难），并在 PS 内拼合；魔棒选择乔木线型外部并反选，整体填充绿色；重点区域变换乔灌木色彩；增加图层样式、添加投影。

（7）新建图层，图层阴影：此时的画面黑白灰关系不明朗，缺少深色，增加投影使画面沉着。注意事项，除植物投影外不得使用图层样式中的投影制作；不规则形体投影制作技巧，魔棒勾选对所有图层取样并在阴影图层选择栏杆线图，填充黑色；同时按住 ctrl+shift+alt+ 方向键并根据投影方向持续重复，直到投影长度符合实际需要；ctrl+d 退出虚选框；接下来删除多余信息，一种方法是魔棒再次选择栏杆线图，多边形套索工具完善阴影，如图形、图层叠加复杂，应先储存物体的选取再进行方向复制，制作完后只要载入选取删除、完善即可。结合上 6 步总体调整，总图填充完成。

5.2.3 绘制彩平其他信息

（1）根据第二章总图设计要点，将设计范围外重点信息调入 PS 并合并图像，新建图层，使用明度、纯度低的色彩分类型填充，用来表达场地外环境。

（2）绘制图标、图例。将重点设计的区域用文字表达、排版。

（3）添加指北针（风玫瑰）、比例尺，导入公司图框。

5.2.4 案例：阳山农庄景观规划平面图制作

1. 制作彩平的准备工作（同上）。

2. 运用 PS、sketch up 快速绘制彩色总平面图。除植物、铺装的制作过程，其余同上。

植物的其他制作方法：

（1）制作乔木素材。打开光盘本节内容，PS 打开场地平面图，打开真实乔木平面素材。

（2）魔棒选择并选择相似；移动至平面图，与图中树圈线拼合，调整透明度增加阴影，植物真实感强。

（3）使用画笔工具快速制作灌木、地被：1）新建植物图层，加载光盘内植物笔刷，任意选择一种画笔。2）打开画笔预设选框——调整画笔笔尖形状动态与散布数据，观察预览直到出现类似灌木边缘效果。根据灌木的形态、图纸比例等调整画笔的大小，进行绘制。（不断调整以上数据，最终效果佳）如需制作花灌木运用此方法叠加图层即可。3）增加描边与投影。另，乔木密林也使用同样方法制作。

铺装的其他制作方法：

除了上个案例介绍的铺装方法外，对于小场地或分区设计中需要精细表达的总平，可以使用真实铺装图片进行制作。光盘中仅收录了部分素材，远不能满足后期制作的需要。同学们在实习、实训的闲暇时光，一方面培养搜集的习惯，另一方面要多从整体入手，恰当地运用这些素材。

运用案例的方法完成其余内容，完成案例二总平面图。

5.2.5 作业

作业具体要求：

1. 运用本节的制作方法，制作小庭院彩色总平面；图面色调统一、黑白灰关系正确；

2. 彩色总平面涵盖的信息全面，能够依据规范深度要求。

作业解析:

1. 打印封装 EPS

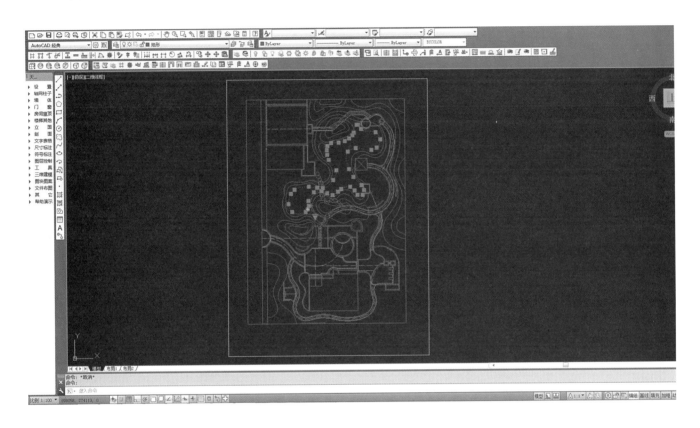

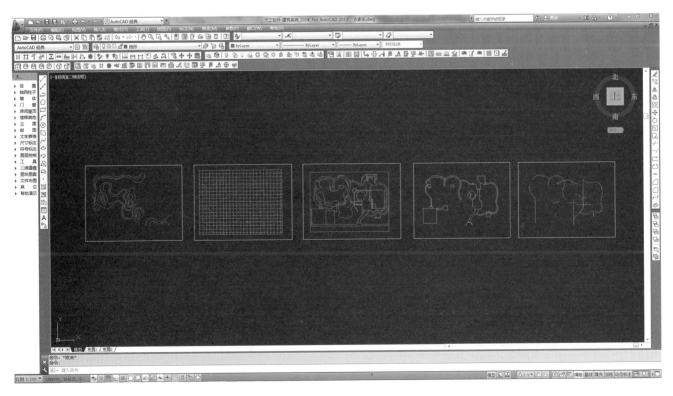

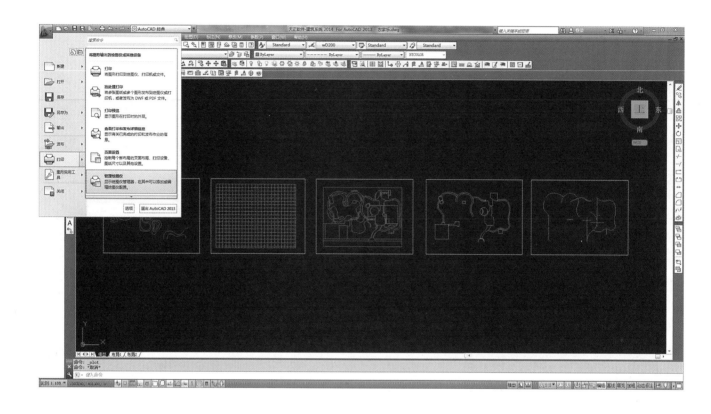

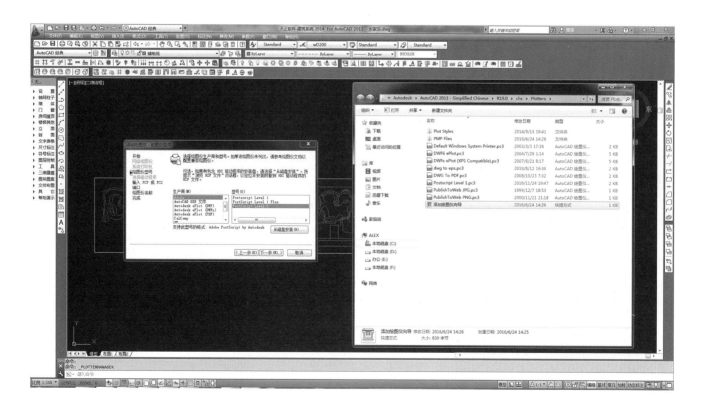

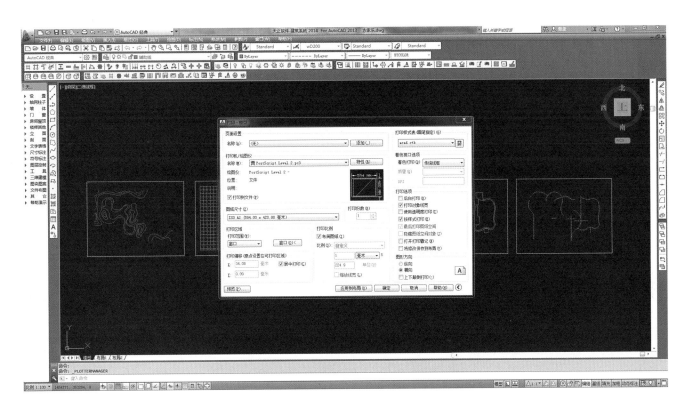

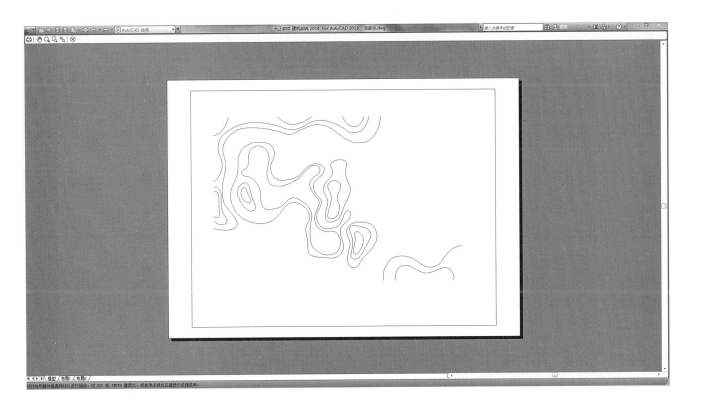

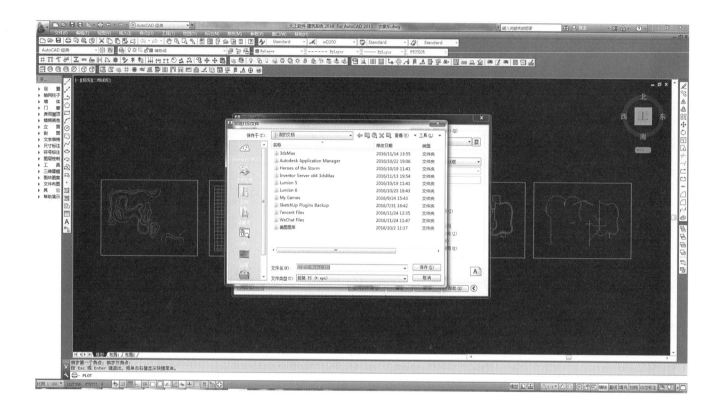

2. EPS 导入 PS

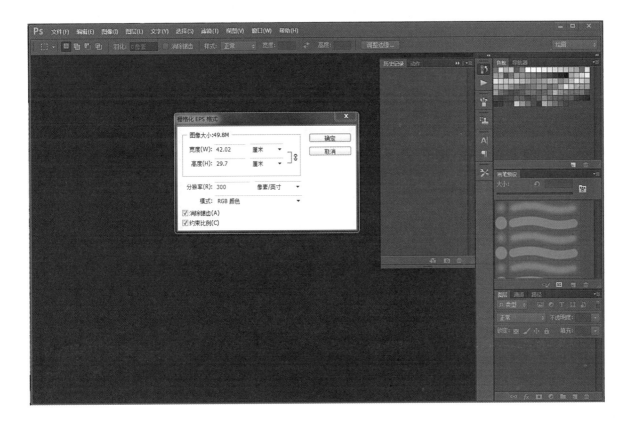

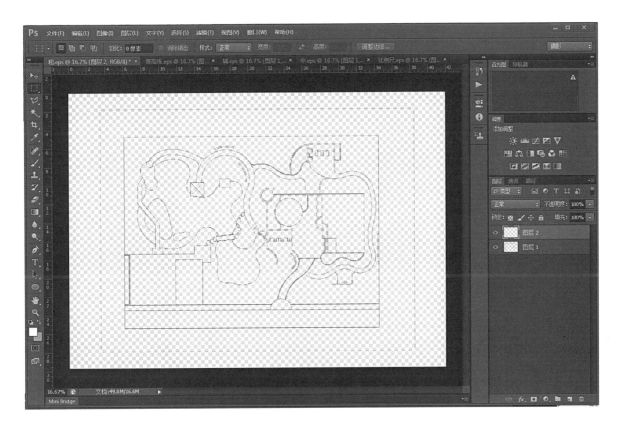

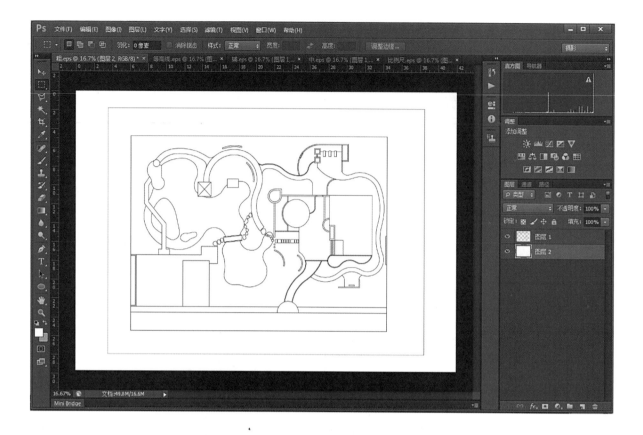

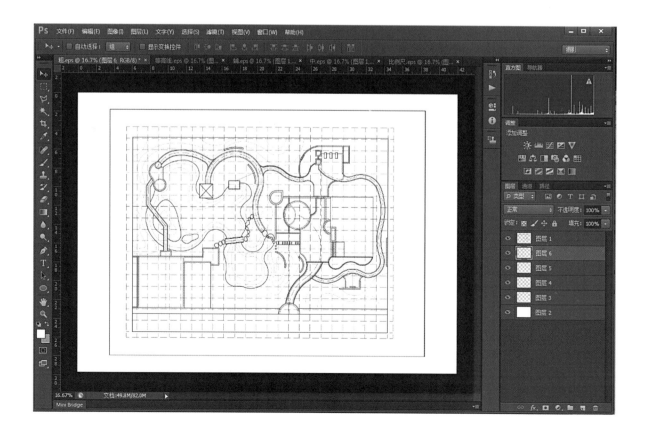

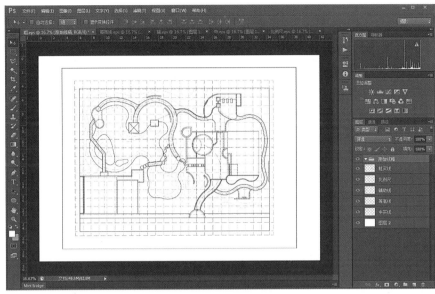

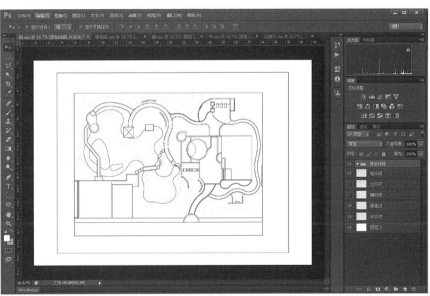

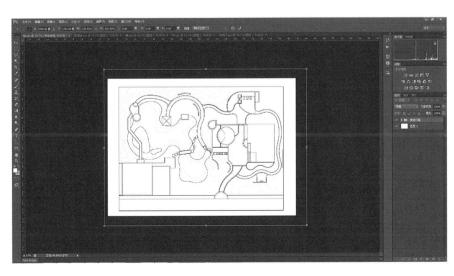

3. 蒙版添加草地材质

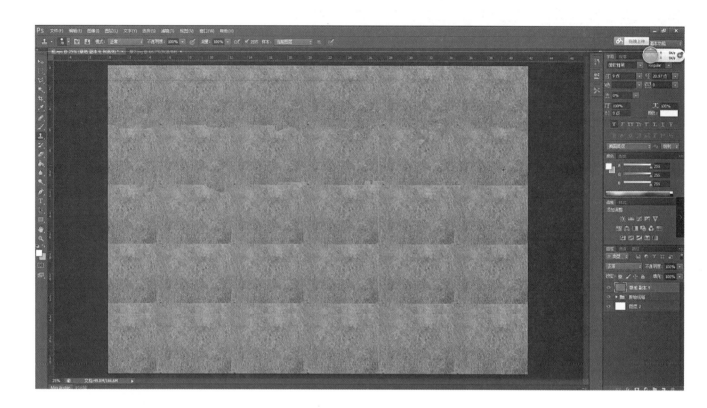

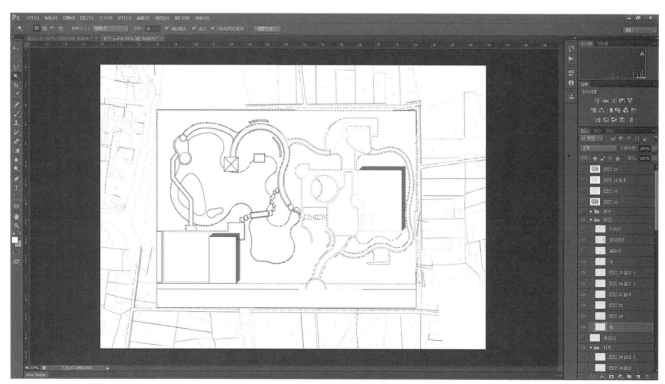

魔棒选区

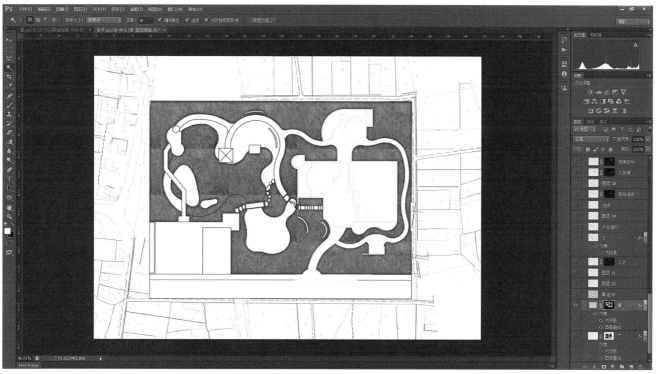

添加蒙版

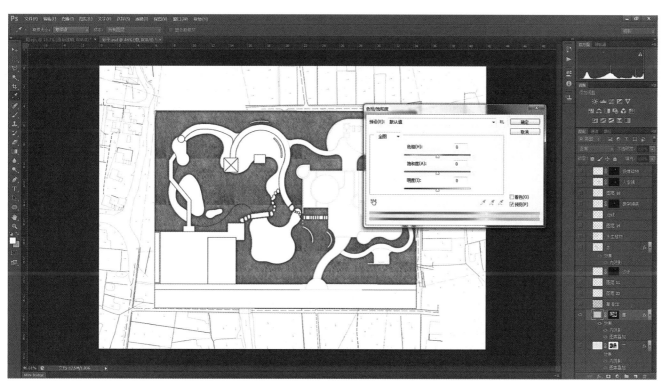

调整色相饱和度

4. 使用定义团填充选区

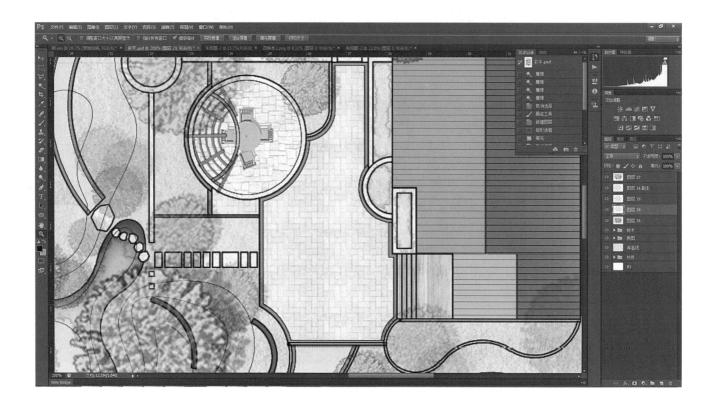

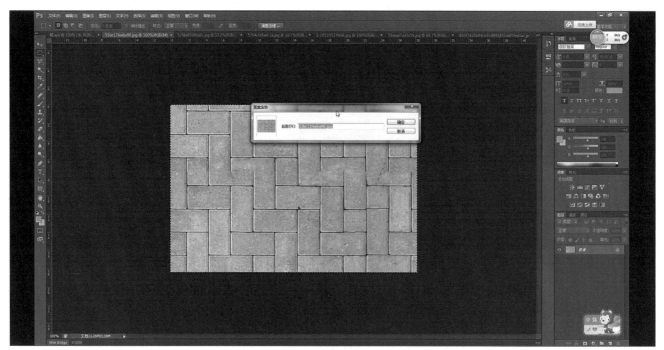

编辑定义图案

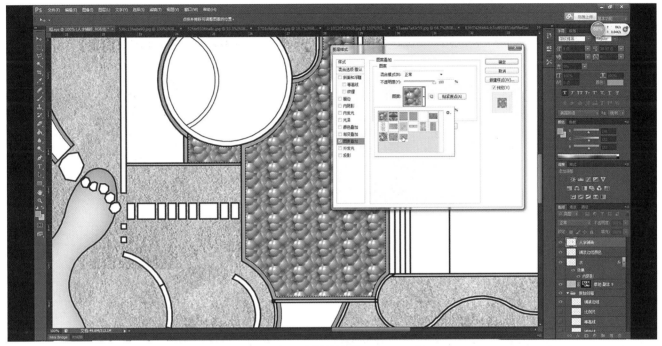

人字铺图案叠加

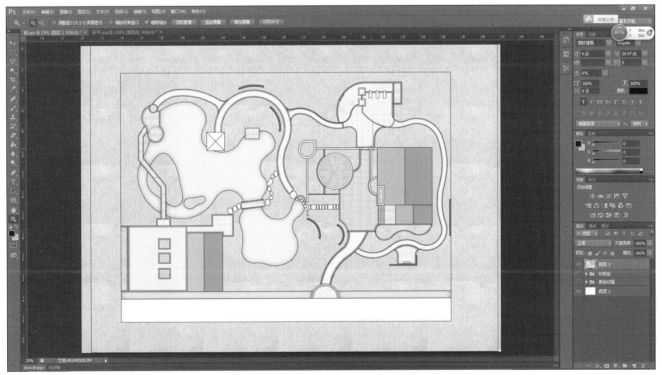

合并　整体调控色调

5. 添加水域材质

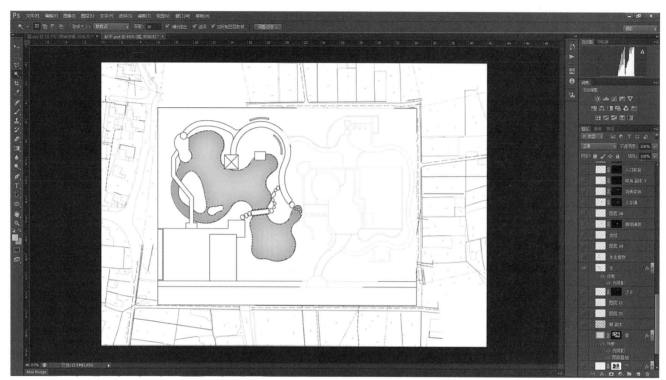

填充水域

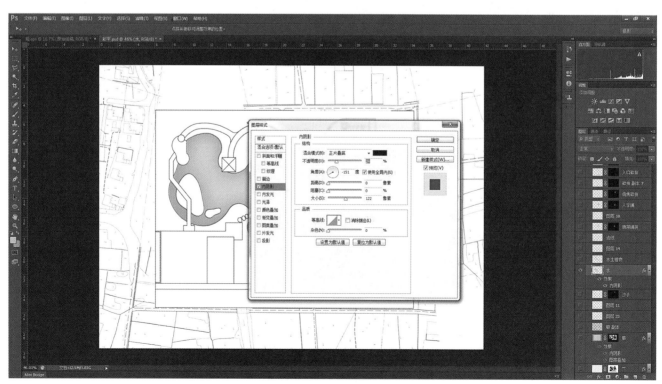

水域添加内阴影

6. 制作平面树

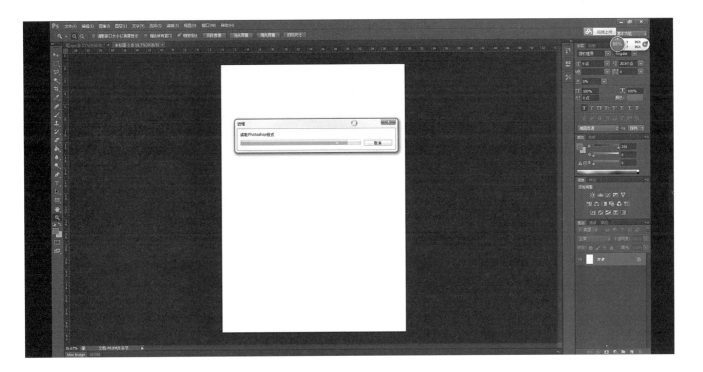

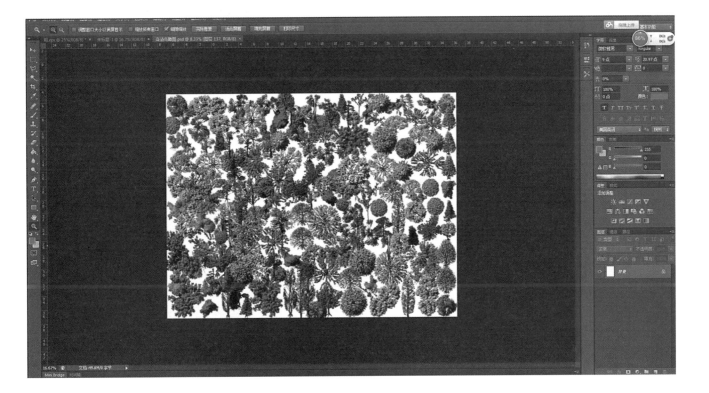

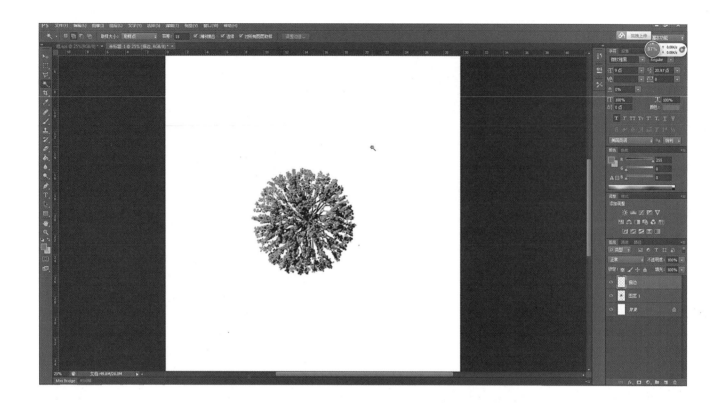

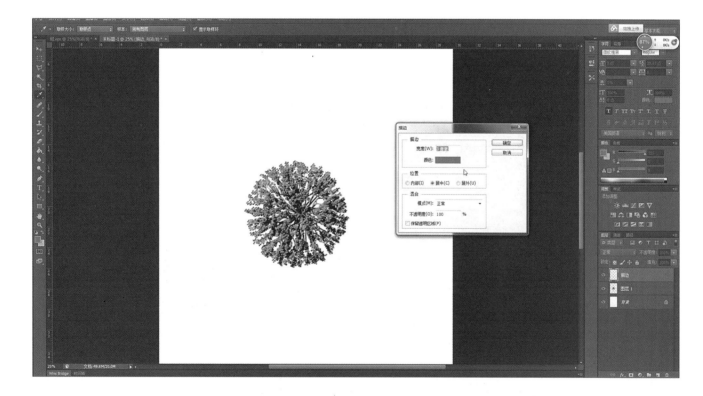

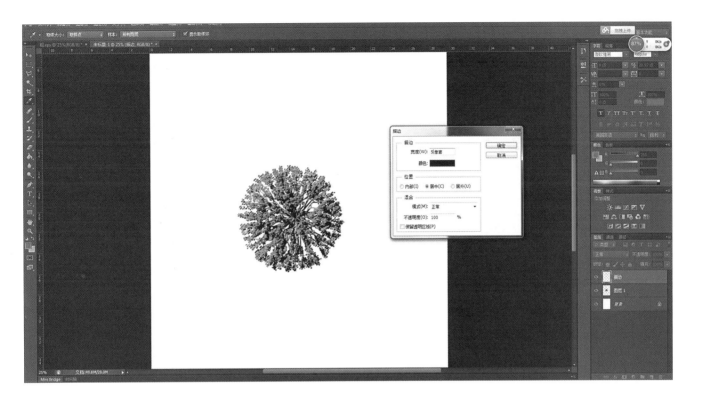

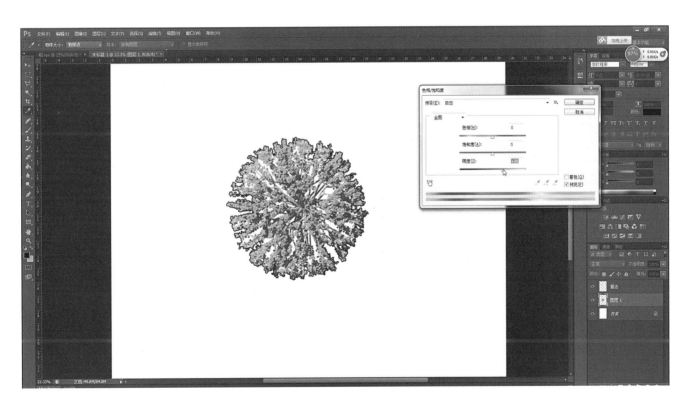

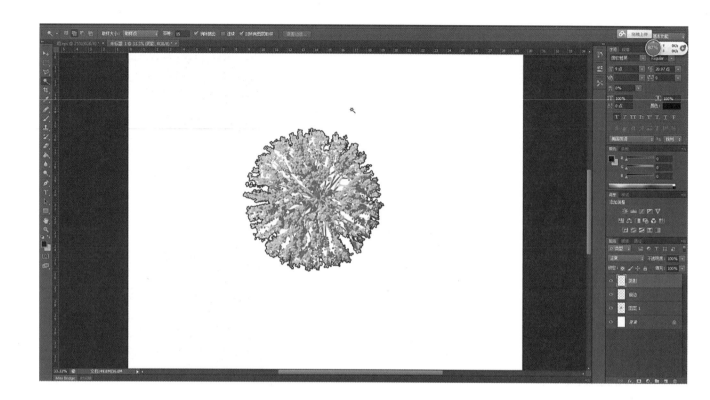

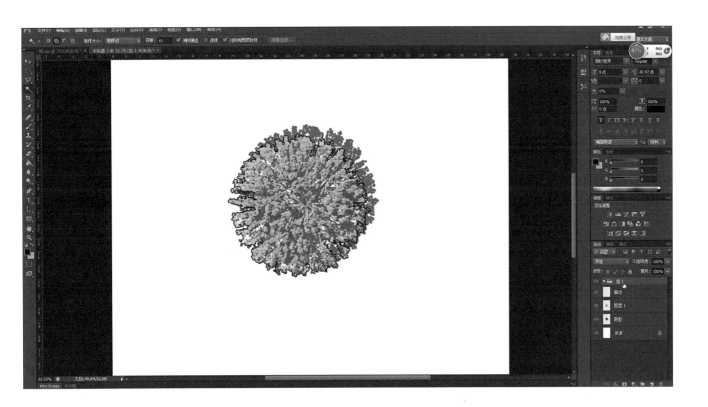

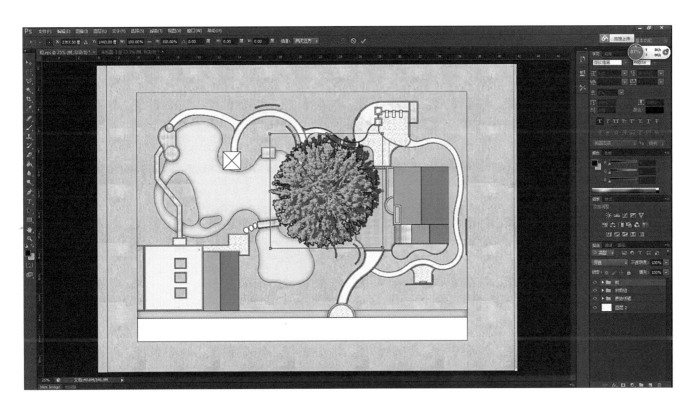

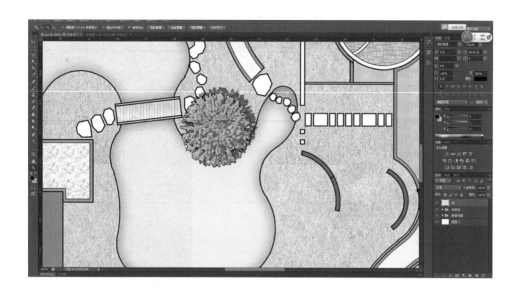

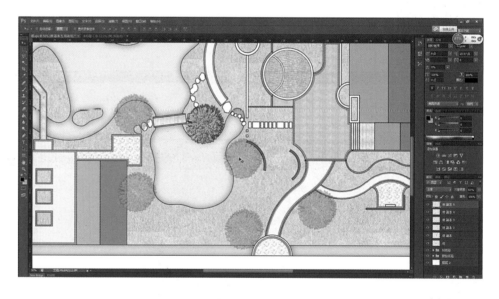

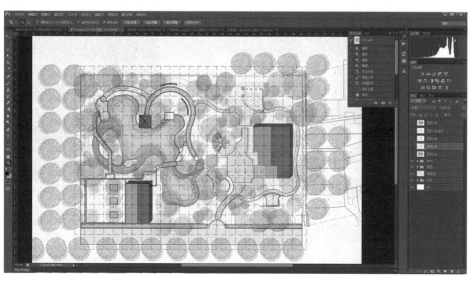

7. 调整边缘制作白雾

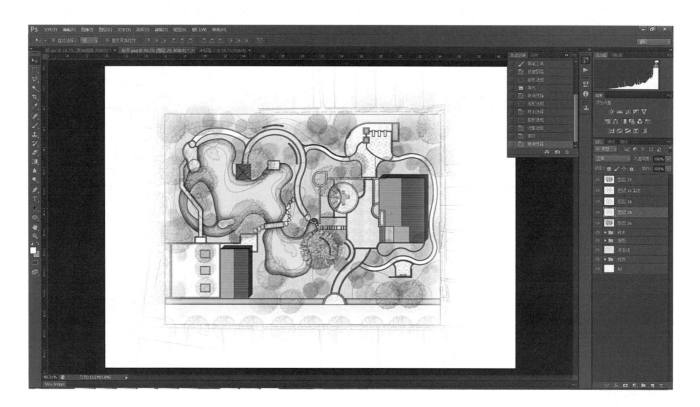

8. 画灌木丛的方法

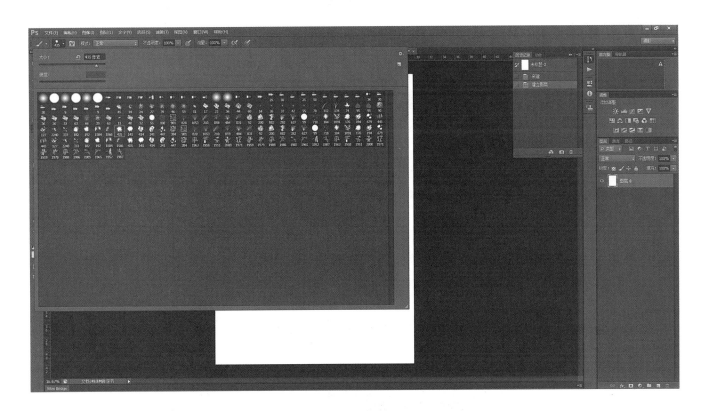

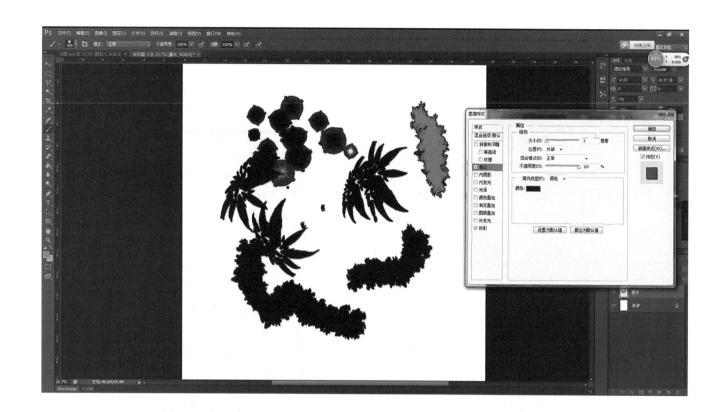

图 5.3-1 d

5.3　辅助设计软件介绍，部分制图技巧

辅助设计软件主要帮助方案的推理与制作，不同软件之间相互配合使用，能够帮助设计师形象考虑场地问题并快速完成图纸的制作，达到良好的效果。辅助设计软件分门别类、种类繁多，本节中仅介绍部分常用软件的使用，如山体、山体道路的建模、日照分析的制作等实用技巧，帮助同学们进行实习、实训工作。

5.3.1 Adobe Illustrator——快速制作景观实景分析图（图 5.3-1 a、b、c、d）

5.3.2 谷歌 sketch up——快速制作小游园山体、山体道路模型

竖向设计是景观设计中土方合理运用及视景层次处理常见的手法。山体、山体道路的三维辅助设计具有一定的难度，但对于辅助含有起伏地形的场地设计有一定的代表性（包括微地形），以下为山体小游园模型制作流程。（图5.3-2）

图 5.3-1 a

图 5.3-2 a

图 5.3-1 b

图 5.3-1 c

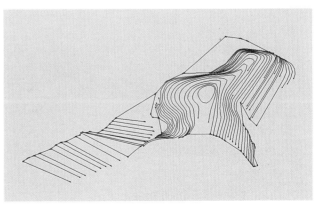

图 5.3-2 b

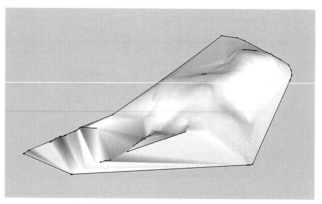

图 5.3-2 c

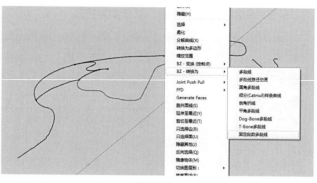

图 5.3-2 g

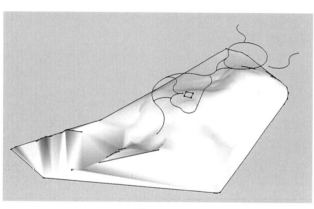

图 5.3-2 d

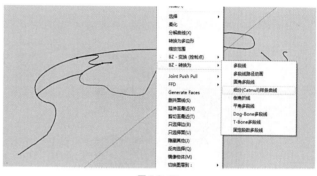

图 5.3-2 h

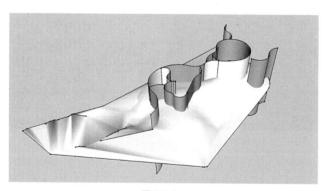

图 5.3-2 e

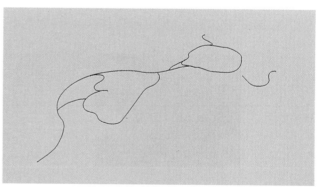

图 5.3-2 i

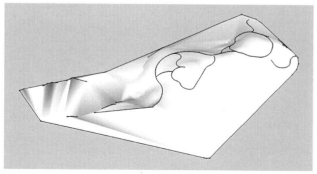

图 5.3-2 f

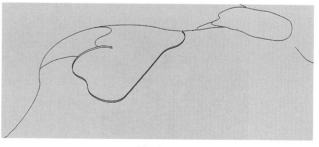

图 5.3-2 j

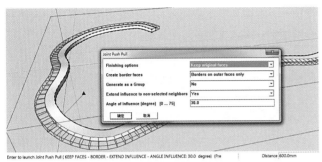

图 5.3-2 k

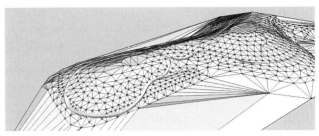

图 5.3-2 o

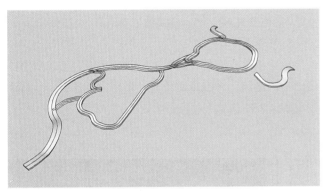

图 5.3-2 l

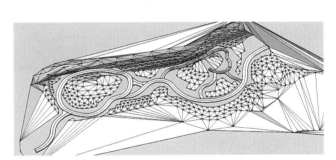

图 5.3-2 p

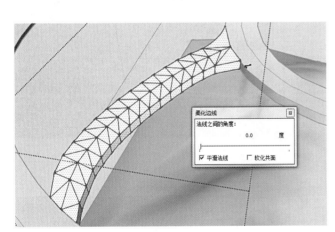

图 5.3-2 m

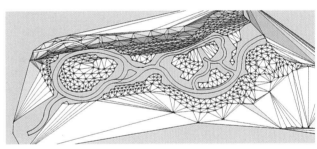

图 5.3-2 q

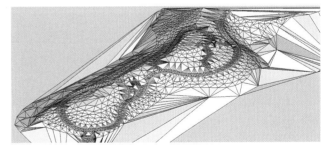

图 5.3-2 r

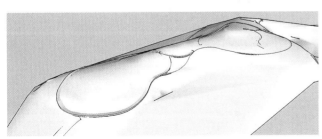

图 5.3-2 n

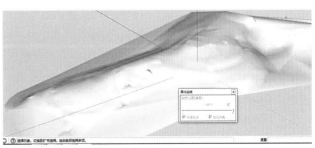

图 5.3-2 s

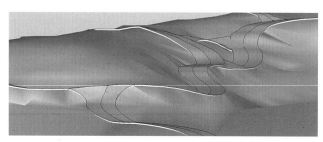

图 5.3-2 t

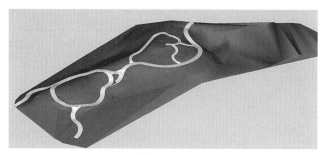

图 5.3-2 u

1. 准备工作

（1）插件的准备：

本案提及的插件包括：1）拉线成曲；2）焊接线条；3）超级推拉；4）曲面拉伸等。（插件收录在微信号本书资料本节中，主要支持 sketch up 2014pro）

（2）整理 CAD 图纸，并分别导出等高线、道路中线。

2. 山体制作

（1）将整理后的等高线导入 skech up 中，根据等高距逐级选取等高线，垂直方向移动；

（2）在窗口菜单中选择使用偏好，将沙盒调出，框选等高线，点选"根据等高线创建地形"。

3. 道路制作

（1）导入道路中线，使用插件"焊接线条"，并放置在地形上方。（检查平面视图，应与原设计道路重合）

（2）选择插件"拉线成面"，与山体模型交错。删除拉伸的面，保留模型交错后的线。

（3）将生成的线、山体分别创建组。进入线子集，将线焊接，为使得道路线型在建模后视觉上更加顺滑，选择插件"贝兹曲线"—"转换固定段数多段线"（根据具体需要，增减固定段数）— 转换为细分样条曲面（将线的控制点平均分布），再次将线条转换为固定段数多段线。

（4）将每条道路中线分别创建组，开始分组制作（特别是道路连接处）；进入某中线子集，使用"拉线成面"工具拉伸出道路面层厚度；点选拉伸面，使用插件"超级

推拉"，右键调整完成面形式为"保留原有面"，向两边分别推出道路的宽度。以此类推。

（5）点选柔化边线，调整法线角度为 0，显示法线，调整道路与道路之间的衔接。（此处道路连接点标高越精确，制作越简单）

4. 道路与山体

（1）将制作完成的道路分解并统一成组。向下移动与山体交错，使其半掩于山体中。

（2）进入山体组，柔化边线调整法线角度为 0，显示法线；删除与道路相交的所有周边法线；复制道路边线至原位，并隐藏道路；"根据等高线创建地形"重新生成山体。

5. 整理

利用柔化边线整理新地形，删除多余的面。取消隐藏之前的道路，调整道路位置。最后，为道路和地形添加材质。

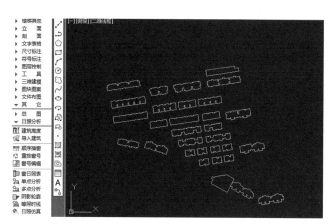

图 5.3-3 a

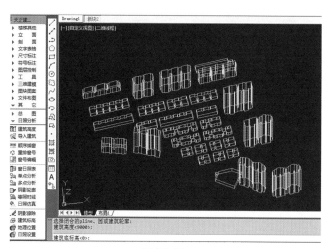

图 5.3-3 b

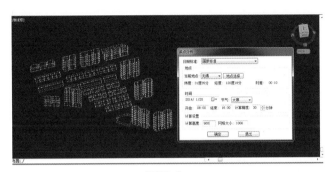

图 5.3-3 c

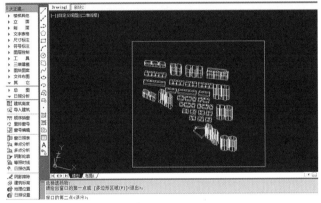

图 5.3-3 d

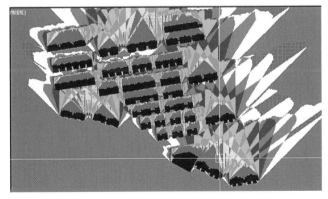

图 5.3-3 e

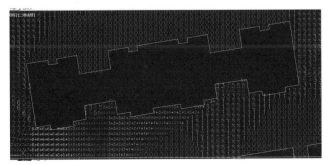

图 5.3-3 f

5.3.3 天正 CAD 简述—快速制作住宅区场地建筑日照分析（图 5.3-3 a、b、c、d、e、f）

1. 整理图纸信息：打开天正，导入需要绘制日照分析的 CAD 图纸，整理建筑底平面信息，留下建筑外框，并隐藏不必要的其他设计信息。清理图层（PU）导出。文件名（日照分析）。

2. 制作三维信息：绘制外墙的轮廓线并注意闭合。在天正工具栏中找到"其他"选项，在子集菜单中打开日照分析工具；点击菜单中建筑高度选项，选择建筑底平面，输入建筑高度，标底高度，确定。切换三维视角，检查三维信息。

3. 多点分析：选中建筑物、遮挡物。在弹出的对话框中，根据场地的具体地理信息调整数值，计算精度可取 30 分钟，计算高度为一楼阳台高度（900），网格 1000，确定，框选需要计算的区域，计算，得出结果。方格网中的 1 表示目标时间（8:00~16:00）有 1 小时的日照以此类推。帮助设计人员科学思考室外场地功能布置。

5.3.4 Lumion 简述 —— 快速制作小游园动画（图 5.3-4 a、b、c、d、e、f、g、h、i、j、k）

1. 整理原本模型信息，添加好材质，做好准备工作；

2. 点击制作动画；

3. 依据设计定点环绕场景，制作动画片段；

4. 添加特效；

5. 导出动画；

6. 使用 Premiere 进行编辑，增加声效、字幕等，导出 MP4 格式。

图 5.3-4 a

图 5.3-4 b

图 5.3-4 f

图 5.3-4 c

图 5.3-4 g

图 5.3-4 d

图 5.3-4 h

图 5.3-4 e

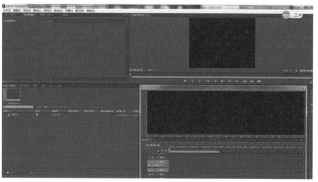

图 5.3-4 i

图 5.3-4 j

图 5.3-5 a

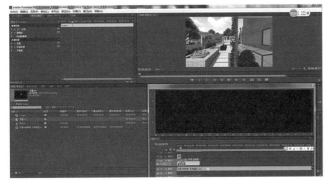

图 5.3-4 k

图 5.3-5 b

5.3.5 全景软件介绍 （图 5.3-5 a、b、c、d、e、f、g）

如果同学们能够熟练使用 Lumion 的话，那不妨继续深入一点，制作自己的全景效果图。最终将自己的图纸信息导出二维码，在自己的手机上就能看见了，也可以将导出的全景发送给微建筑科技微信号，一起进行交流。好了，接下来我们开始制作小庭院的全景图，并附上二维码供大家观看。（可以配上 VR 眼镜，看起来就更加真实了）

软件：Lumion 、PTGui 站、720 云全景

1. 进入已经制作好的 Lumion 场景，检查场景，注意要确定好全景环绕的定位。

2. 开始拍照，以人视角度，平视拍 360° 拍 10 到 15 张左右，斜下方 360° 张数同上，斜上方同上 。所谓全景就需要将所需要的视角都要逐个导出图片。

3. 导出 Lumion 图像。

4. 导入 PTGui，设置标准镜头，点击对准图像，对准完成创建全景图。

5. 上传 720 云全景网站，输入名称，点击发布。

6. 在作品管理里可以进行更多编辑。

7. 输出二维码。

图 5.3-5 c

图 5.3-5 d

图 5.3-5 e

图 5.3-5 f

图 5.3-5 g

后记

　　教科书编写至今近两年，从"书到用时方恨少"的忧虑到不断梳理自身的知识结构，现在教科书方能完成，这是一个艰苦却极其让人激动的过程。快合上电脑结束工作之时却显得不舍，不知在出版时是否能够留下这一段，但依旧想写下一番感悟，一方面给自己一个交代，一方面是想和同学们说说话。

　　专业的学习本身不应该是一段苦难的过程，而应该是一次愉悦的生存体验，当深入其中，方知专业之浩瀚，顿时周边熟知事物变得陌生起来，想去探知，想去寻求其本质。风景园林（即景观专业），在建制之前便有了上千年的历史，在浩如烟海的历史案例中不断生成、成长与成熟，最终，形成了学科，开设专业，招收学生并得以将知识进行传承。在这个过程中，我们和古代工匠对话，向先辈哲人学习，从近现代大师身上学习经验，掌握一套过硬的设计方法，运用这些方法应对不一样的场地，做出合理的设计。

　　亲爱的同学们，希望能够通过本书带给你们愉悦的学习过程，在这个改革创新创业的大时代，预祝你们成功！